水果手册

美味篇

张明◎主编

江西科学技术出版社
·南昌·

图书在版编目（CIP）数据

水果手册. 美味篇 / 张明主编. -- 南昌 : 江西科学技术出版社, 2017.10
ISBN 978-7-5390-6077-4

Ⅰ. ①水… Ⅱ. ①张… Ⅲ. ①水果－基本知识 Ⅳ. ①S66

中国版本图书馆CIP数据核字(2017)第240493号

选题序号：ZK2017236
图书代码：D17077-101
责任编辑：张旭 刘九零

水果手册. 美味篇
SHUIGUO SHOUCE MEIWEIPIAN　　张明　主编

摄影摄像　深圳市金版文化发展股份有限公司
选题策划　深圳市金版文化发展股份有限公司
封面设计　深圳市金版文化发展股份有限公司
出　　版　江西科学技术出版社
社　　址　南昌市蓼洲街2号附1号
邮编：330009　电话：（0791）86623491　86639342（传真）
发　　行　全国新华书店
印　　刷　深圳市雅佳图印刷有限公司
开　　本　720mm×1020mm　1/16
字　　数　180千字
印　　张　12
版　　次　2018年1月第1版　2018年1月第1次印刷
书　　号　ISBN 978-7-5390-6077-4
定　　价　35.00元

赣版权登字：-03-2017-356

Preface 序言

美味水果吃出花样

水果是指可直接生吃的植物果实，它们不但大都多汁、有甜味，口感丰富，而且含有多种营养成分，更有降血压、减缓衰老、减肥瘦身、皮肤保养、明目、抗癌、降低胆固醇、补充各种维生素等多种功效，是广大群众喜爱的美食和营养品。

市面上水果种类丰富，品种繁多，琳琅满目，每一种水果都有它独特的味道，甚至同一种水果的不同品种的外观、风味和口感都不尽相同，总有一款最适合你的口味。

本书将教你如何吃到最适合自己口味的水果和水果餐：从选购最新鲜的水果、最美味的品种，到在最佳赏味期内合理储存水果、处理水果，甚至烹调简易又营养的水果餐，带你吃出不一样的美味，得到最佳的味觉享受。

本书使用说明

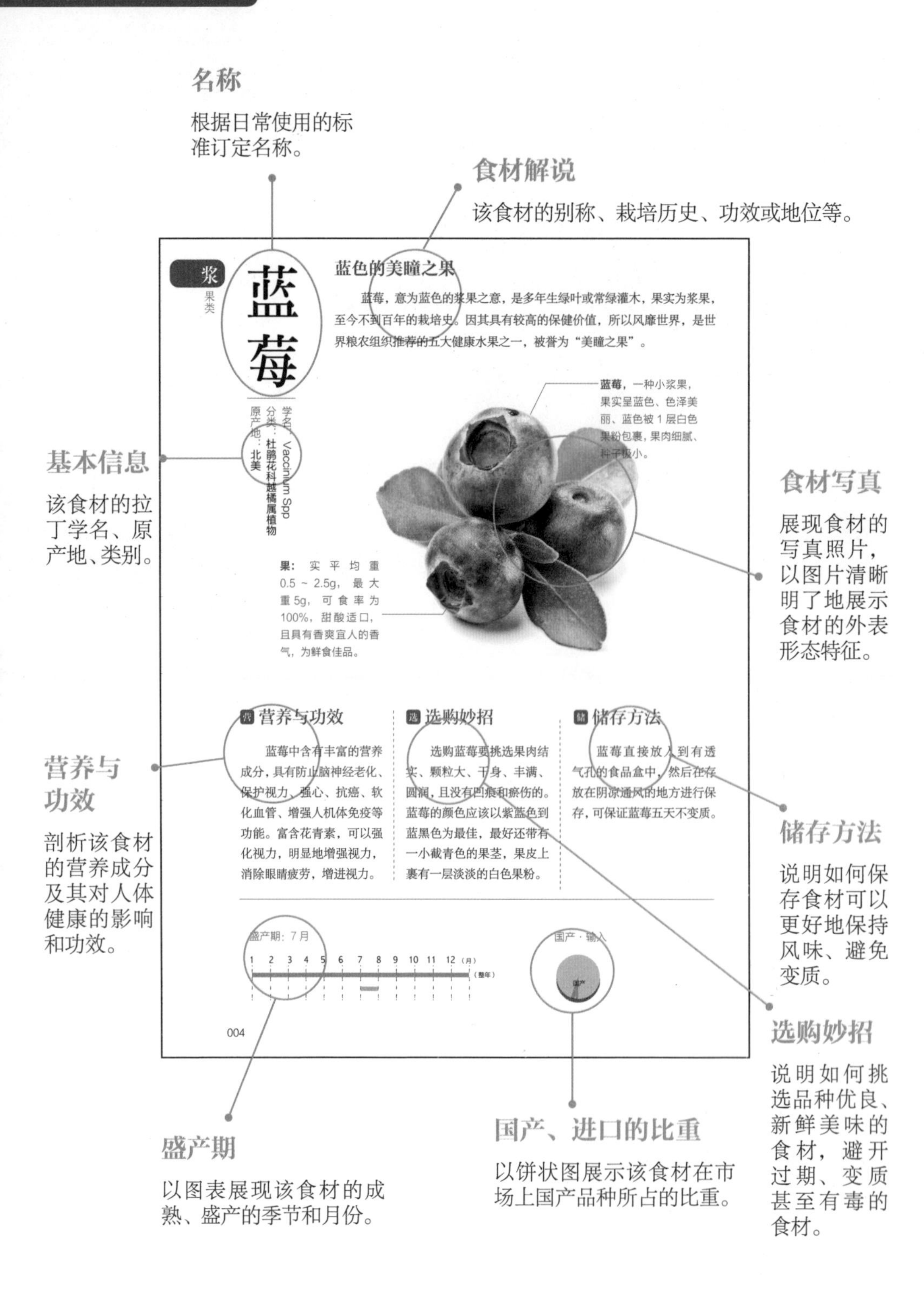

名称
根据日常使用的标准订定名称。
食材解说
该食材的别称、栽培历史、功效或地位等。
基本信息
该食材的拉丁学名、原产地、类别。
食材写真
展现食材的写真照片，以图片清晰明了地展示食材的外表形态特征。
营养与功效
剖析该食材的营养成分及其对人体健康的影响和功效。
储存方法
说明如何保存食材可以更好地保持风味、避免变质。
选购妙招
说明如何挑选品种优良、新鲜美味的食材，避开过期、变质甚至有毒的食材。
盛产期
以图表展现该食材的成熟、盛产的季节和月份。
国产、进口的比重
以饼状图展示该食材在市场上国产品种所占的比重。
浆
果类
蓝莓
学名：Vaccinium Spp
分类：杜鹃花科越橘属植物
原产地：北美
蓝色的美瞳之果
蓝莓，意为蓝色的浆果之意，是多年生绿叶或常绿灌木，果实为浆果，至今不到百年的栽培史。因其具有较高的保健价值，所以风靡世界，是世界粮农组织推荐的五大健康水果之一，被誉为“美瞳之果”。
蓝莓，一种小浆果，果实呈蓝色、色泽美丽、蓝色被1层白色果粉包裹，果肉细腻、种子极小。
果：实平均重0.5～2.5g，最大重5g，可食率为100%，甜酸适口，且具有香爽宜人的香气，为鲜食佳品。
营养与功效
蓝莓中含有丰富的营养成分，具有防止脑神经老化、保护视力、强心、抗癌、软化血管、增强人机体免疫等功能。富含花青素，可以强化视力，明显地增强视力，消除眼睛疲劳，增进视力。
选购妙招
选购蓝莓要挑选果肉结实、颗粒大、干身、丰满、圆润，且没有凹痕和瘀伤的。蓝莓的颜色应该以紫蓝色到蓝黑色为最佳，最好还带有一小截青色的果茎，果皮上裹有一层淡淡的白色果粉。
储存方法
蓝莓直接放入到有透气孔的食品盒中，然后在存放在阴凉通风的地方进行保存，可保证蓝莓五天不变质。
盛产期：7月
1 2 3 4 5 6 7 8 9 10 11 12（月）
（整年）
国产 · 输入
国产
004

Chapter 1 浆果类

Chapter 2　柑橘类

Chapter 3　核果类

Chapter 4 仁果类

Chapter 5 瓜类

Chapter 6　其他类

Chapter 1

浆果类

浆果，是由子房或联合其他花器发育成柔软多汁的肉质果。

浆果是果实的一种类型，属于单果，常见于分属不同科属的多种植物。浆果的外果皮较薄，中果皮和内果皮则肉质多汁较为发达。浆果的一枚果实中常有许多种子。浆果的萼片宿存，与果蒂相连接。浆果一般由多心皮合生雌蕊发育而成，偶见由单心皮发育的浆果，因此在浆果中常可以观察到若干格室。

草莓

学名：Fragaria ananassa Duch
分类：蔷薇科草莓属
原产地：南美

肉美汁多的水果皇后

草莓是对蔷薇科草莓属植物的通称，属多年生草本植物。草莓是水果中的“皇后”，有着心形的面容、浓郁的香味以及多汁的果肉。原产于南美，中国各地及欧洲等地广为栽培。

果：草莓的果实呈聚合果大，直径达 3 厘米，鲜红色，宿存萼片直立，紧贴果实；瘦果尖卵形，光滑。

叶：叶三出，顶端圆钝，基部阔楔形，侧生小叶基部偏斜，边缘具缺刻状锯齿。

营 营养与功效

草莓所含的胡萝卜素具有明目养肝的作用；富含维生素 C，可预防坏血病、动脉硬化、冠心病；富含果胶，可改善便秘、预防痔疮；对胃肠道和贫血均有一定的滋补调理作用，具有防癌效果。

选 选购妙招

应选硕大坚挺、果形完整、无畸形，外表鲜红发亮及果实无碰伤、冻伤或病虫害的新鲜草莓。

储 储存方法

保存前不要清洗，带蒂轻轻包好勿压，放入冰箱中即可。

盛产期：2~3 月

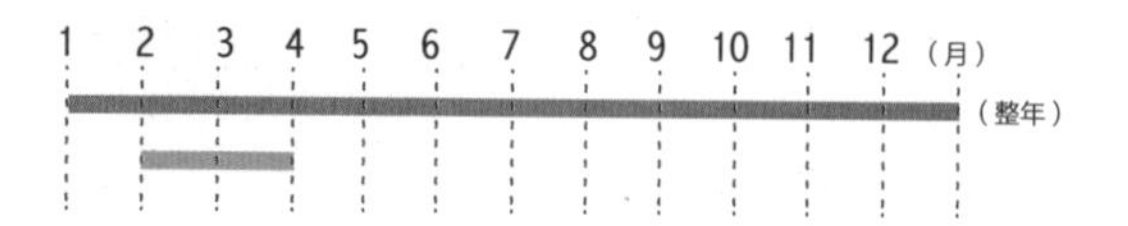

国产 · 输入

烹 烹饪技巧

可生吃、榨果汁、做果酱。

食用宜忌

痰湿内盛、肠滑便泻者及患有尿路结石的病人不宜多食草莓。

食 推荐食谱

草莓蛋挞

原料：

冷冻蛋挞皮9个，蛋黄2个，生粉8克，糖25克，炼乳10克，淡奶油100克，牛奶70毫升，草莓适量

做法：

❶ 取出冰冻蛋挞皮，室温回温片刻。
❷ 除蛋黄外的其他材料混合搅拌均匀。
❸ 加入蛋黄后继续搅拌，过滤后待用。
❹ 草莓切小块放入挞皮内，加液体至八分满。
❺ 放入烤箱用200℃烤20分钟后取出，用草莓装饰即可。

品种群

TOP❶ 赛娃

该品种群由美国引入，为四季草莓品种。果型大，平均单果重36克左右，最重可达100克以上。果面鲜红色，有光泽；果肉深橙红色，硬度大，汁液多，酸甜适口，香味浓，品质甚佳。

TOP❷ 甜宝

甜宝草莓果型大，果实呈鸡心形，平均单果重50克。果实表面和内部色泽均呈鲜红色，外形美观，色泽靓丽，畸形果少，味美香甜，老少皆宜。

TOP❸ 明宝

日本品种群，大果率高，畸形果少，果形为圆锥，果色鲜红，果实含糖量高，具有独特的芳香味，品质上等。

TOP❹ 佐贺清香

平均果重35克，大果重达55克。果圆锥形，果面鲜红色，有光泽，美观漂亮。果实甜爽，香味较浓。

品种群

TOP ❺ 卡麦罗莎

果实长圆锥或楔状，果面光滑平整，种子略凹陷于果面，果色鲜红并有蜡质光泽，肉红色，质地细密，硬度好，为鲜食和深加工兼用品种群。

TOP ❻ 红颜

果实长圆锥形，果面和内部色泽呈鲜红色，着色一致，外形美观，富有光泽。果形大，最大果重110克，香味浓，酸甜适口，果实硬度适中，耐贮运。

TOP ❼ 法兰地

果实圆锥形，果肉、果面红色，风味好，平均单果重35克，果大小均匀整齐。

TOP ❽ 达赛莱克特

果形周正整齐，为标准的长圆锥形，果形大，萼片与果实分离。果面为深红色，有光亮，果肉全红，质地坚硬。品味极佳，风味浓，酸甜适度。

TOP ❾ 红实美

果实长圆锥形，色泽鲜红，口味香甜，果肉淡红多汁，具东西方品种群融汇的特点。

TOP ❿ 全明星

大果型，果实橙红色，长椭圆形，不规则，种子少，黄绿色，凸出果面。果肉特硬，淡红色，酸甜适口汁多，有香味。高产，为鲜食加工兼用品种群。

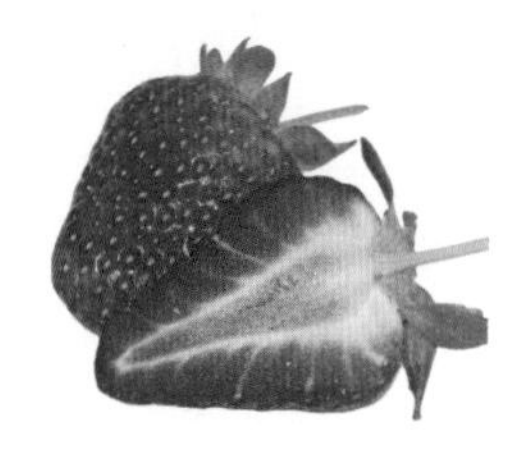

TOP ⓫ 章姬

果实个大、味美，颜色鲜艳有光泽。日本引进品种群，果实健壮，色泽鲜艳光亮，香气怡人。果肉淡红色，细嫩多汁，浓甜美味，回味无穷，在日本被誉为“草莓中的极品”。

TOP ⓬ 土德拉

果面鲜亮红色，果肉鲜红，果肉硬，表皮抗压性强，耐贮运。酸甜适口，品质中等。

TOP ⑬ 甜查理

浆果圆锥形，大小整齐，畸形果少，表面深红色，有光泽。种子黄色，果肉粉红色，香味浓，甜味大，口感好，品质优良。

TOP ⑭ 美德莱特

果面平滑，红色，有光泽，大果型，平均单果重约 28 克，最大单果重达 87 克。果肉深橘红色，汁多，味浓香。

TOP ⑮ 红颊草莓

红颊草莓从日本引入，因植株基部红色、果实鲜红漂亮而得名。果实长圆锥形，顶果略短圆锥带三角形，果型大而美观。颜色鲜红漂亮，最大达 100 克以上。果实含糖量高，口味佳，商品性好。

TOP ⑯ 红宝石

红宝石是一个少有的世界性草莓优良品种群。果实长圆锥形，果个大，最大单果重 75 克，一级果平均 32 克，果面深红色，有美丽的光泽；果实坚硬，耐贮性好，特别适合长途远销。果味酸甜，口感芳香，丰产性好。

TOP ⑰ 大将军

美国培育的大果型、早熟新品种群。在美国草莓品种群中果个和果实硬度最大，是国际上公认的特色品种群。果实圆柱形，果个特大，最大单果重 122 克。果面鲜红，着色均匀；果味香甜，口感好。

TOP ⑱ 草莓王子

荷兰培育的高产品种群，也是欧洲最著名的鲜食主栽品种群。果实圆锥形，果个大，最大单果重 107 克。果面红色，有光泽；果肉香甜，口感好。

TOP ⑲ 弗杰尼亚

西班牙中早熟品种群。果实长圆锥形或长平楔形，颜色深红亮泽，味酸甜，硬度大，耐贮运。果个大，最大单果重可超过 100 克。

TOP ⑳ 丰香

日本培育的早熟品种群，于 1987 年引入我国。果实圆锥形，果面有楞沟，鲜红艳丽，口味香甜，味浓，肉质细软致密。

蓝莓

学名：Vaccinium Spp
分类：杜鹃花科越橘属
原产地：北美

蓝色的美瞳之果

蓝莓，意为蓝色的浆果之意，是多年生绿叶或常绿灌木，果实为浆果，至今不到百年的栽培史。因其具有较高的保健价值，所以风靡世界，是世界粮农组织推荐的五大健康水果之一，被誉为“美瞳之果”。

蓝莓，一种小浆果，果实呈蓝色、色泽美丽，被一层白色果粉包裹，果肉细腻、种子极小。

果：平均重 0.5~2.5 克，最大重 5 克，可食率为 100%，甜酸适口，具有清爽宜人的香气，为鲜食佳品。

营养与功效

蓝莓含有丰富的营养成分，具有防止脑神经老化、保护视力、强心、抗癌、软化血管、增强机体免疫力等功能。其富含花青素，可以强化视力、明显增强视力、消除眼睛疲劳。

选购妙招

选购蓝莓要挑选果肉结实、颗粒大、干身、丰满、圆润，且没有凹痕和瘀伤的。蓝莓的颜色应该以紫蓝色到蓝黑色为最佳，最好还带有一小截青色的果茎，果皮上裹有一层淡淡的白色果粉。

储存方法

蓝莓直接放入到有透气孔的食品盒中，然后存放在阴凉通风的地方进行保存，可保证蓝莓 5 天不变质。

盛产期：7 月

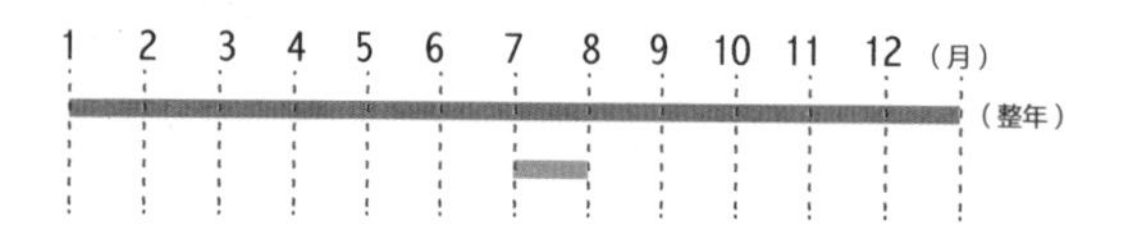

国产 · 输入

烹 烹饪技巧

① 可直接食用，榨果汁，做果酱、果干、酒、饮料、香料等。

② 制蓝莓果酱时，中火煮成浓稠状后不要再用小火煮，煮得过干会变硬。

食用宜忌

新鲜蓝莓有轻泻作用，腹泻时勿食。有肾脏或胆囊疾病尚未治愈的人，要避免摄食太多的蓝莓。

食 推荐食谱

蓝莓布丁

原料：

全蛋 3 个，蛋黄 2 个，牛奶 450 毫升，细砂糖 40 克，香草粉 5 克

做法：

❶ 奶锅置火上，倒细砂糖和牛奶，撒上香草粉，略煮。

❷ 关火后倒全蛋和蛋黄，放凉后过滤 2 次，制成蛋奶液。

❸ 取玻璃杯放在烤盘中，注入蛋奶液至七分满，加蓝莓。

❹ 向烤盘中注水，至水位淹没容器的底座，放入烤箱。

❺ 上火 180℃、下火 160℃烤约 20 分钟，至食材熟透即可。

品种群

TOP ❶ 爱国者

1976 年美国缅因州选育的中早熟品种。果实大，蓝色，略偏圆形，果肉硬，香味好，果蒂痕极小且干，风味极佳。

TOP ❷ 埃利奥特

1974 年美国农业部选育的极晚熟品种。果实中大，果皮亮蓝色，果粉厚，果肉硬，有香味，风味佳，果实成熟期比较集中，丰产性好。

TOP ❸ 陶柔

美国新泽西州选育的早熟品种。果实大、深蓝色，果粉厚，果穗大，香味浓，酸度大，果蒂痕小而干。

TOP ❹ 美登

加拿大品种，中熟。在长白山区 7 月中旬成熟。果实圆形、淡蓝色，有较厚果粉，风味好，有清淡爽人香味。该品种群为高寒山区发展蓝莓首推品种群，已经被确认为供应日本市场加工冷冻果的指定品种。

品种群

TOP❺ 芬蒂

加拿大品种，中熟。果实大小略大于美登，呈淡蓝色，被果粉。丰产，早产。

TOP❻ 北陆

美国品种，中早熟。果实中大，圆形，中等蓝色，质地中硬，果蒂痕小且干，成熟期较集中，风味佳。

TOP❼ 北蓝

美国品种，晚熟。果实大、暗蓝色，肉质硬，风味佳，耐贮。

TOP❽ 北村

美国品种，中早熟。早产，连续丰产。果实中大、亮天蓝色，口味甜酸，风味佳。

TOP❾ 康维尔

美国品种，中熟品种群。生长势强，丰产，果实大，中等蓝色，鲜食加工品质俱佳。

TOP❿ 达柔

美国品种，晚熟。树体生长健壮，直立，连续丰产。果实大、淡蓝色，肉质硬，果蒂痕中，风味好。

TOP⓫ 蓝丰

美国品种，中熟。树体生长健壮，抗旱能力极强。极丰产且连续丰产能力强。果实大、淡蓝色，果粉厚，肉质硬，果蒂痕干，具清淡芳香味，风味佳。

TOP⓬ 芭尔德温

美国品种，晚熟。植株生长健壮、直立，树冠大，连续丰产能力强，冷温需要量为450~500小时。抗病能力强。果实成熟期可延续6~7周，果实大、暗蓝色，果蒂痕干且小，果实硬。

桑葚

学名：Fructus Mori
分类：桑科桑属
原产地：中国

天然的“民间圣果”

桑葚，为桑科落叶乔木桑树的成熟果实，农人喜欢采其成熟的鲜果食用，味甜汁多。早在两千多年前，桑葚已是中国皇帝御用的补品。桑果具有天然生长、无任何污染的特点，所以桑葚又被称为“民间圣果”。

果：为聚花果，由多数小核果集合而成，呈长圆形，长2~3厘米，直径1.2~1.8厘米。黄棕色、棕红色至暗紫色，有短果序梗。

味：成熟的桑葚果质油润，酸甜适口，以个大、肉厚、色紫红、糖分足者为佳。

营养与功效

桑葚含有芸香苷、花色素、葡萄糖、果糖、苹果酸、钙质、无机盐、胡萝卜素及多种维生素，有预防肿瘤细胞扩散、避免癌症发生的功效，能有效地扩充人体的血容量，健脾胃，助消化。

选购妙招

挑选颗粒比较饱满、厚实、没有出水、比较坚挺的。如果桑葚表面颜色比较深，味道较甜，但里面比较生，就要特别注意了，这样的桑葚有可能是经过染色的。

储存方法

桑葚不宜保存，建议现买现食。

盛产期：3~4月

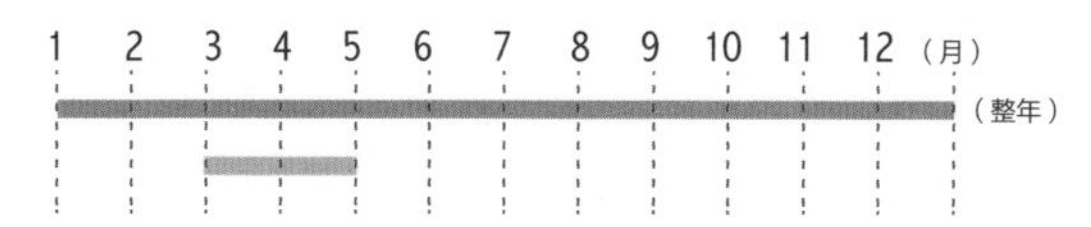

国产·输入

烹 烹饪技巧

① 未成熟的桑葚含有氰氢酸，不可食用，以免引起头痛、呕吐等不适。

② 桑葚中含有可与铁锅起反应的物质，煮桑葚时最好用砂锅、陶锅或玻璃锅。

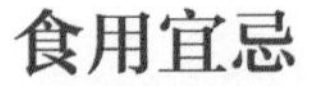

体虚便溏者不宜食用，儿童不宜大量食用。不宜和苦瓜、西红柿、茭白、荸荠、菱肉、百合一起吃，否则太寒。

食 推荐食谱

桑葚奶昔

原料：

桑葚 200 克，酸奶 200 克，蜂蜜适量

做法：

❶ 新鲜的桑葚和原味酸奶备好。

❷ 桑葚流水冲洗后再用淡盐水浸泡 10 分钟，再用清水冲洗一下。

❸ 把洗好的桑葚捞出放入破壁机中，酸奶也倒入。

❹ 开启果蔬功能键。

❺ 适当加一点点蜂蜜即可。

品种群

TOP ❶ 黑珍珠

该品种群树形开张，枝条细长，花果极多，果实较大，圆筒形，最大果重 10.5 克。果实成熟后由紫红色到紫黑色，果面光泽性强，颜色鲜艳，光亮美观，像黑珍珠一样。口感酸甜适口。

TOP ❷ 白蜡皮

果实重 2 克左右，果色白中透亮，好像涂有一层蜡质，因此得名，果实含糖量 14%~15%，味甜可口。5 月中旬开始成熟。

TOP ❸ 红蜻蜓

桑葚完全熟透后，白里透着点红，美其名曰“红蜻蜓”。

TOP❹ 白玉王

果长 3.5~4 厘米，果径 1.5 厘米左右，长筒形，单果重 4~5 克，最大重 10 克。果色乳白色，汁多，甜味浓，含糖量高。5 月中下旬成熟，成熟期 30 天左右。

TOP❺ 大十

果长 3~6 厘米，果径 1.3~2 厘米，单果重 3~5 克，紫黑色，无籽，果汁丰富，果味酸甜清爽。5 月上旬成熟，成熟期 30 天以上，果叶兼用。

TOP❻ 红果 1 号

树形直立紧凑，枝条粗长，节间较密，叶片大，果长 2.5 厘米，果径 1.3 厘米，圆筒形，单果重 2.5 克左右，紫黑色，果汁多，果味酸甜。5 月上中旬开始成熟，是高产型果叶兼用及加工用品种群。

TOP❼ 红果 2 号

果长 3~3.5 厘米，果径 1.2~1.3 厘米，长筒形，单果重 3 克左右，紫黑色，果味酸甜爽口，果汁鲜艳，5 月上中旬成熟，可做果叶兼用及加工用品种群。

TOP❽ 红果 3 号

果长 3.5~4 厘米，果径 1.5~2 厘米，长筒形，单果重 4~6 克，最大 12 克，紫黑色，果味酸甜爽口，果汁多，果味酸甜，是大果型果用品种群。

TOP❾ 红果 4 号

树形直立，枝条粗直，节间极密，叶片大而肥厚。结果多在小枝和弱枝上，果长 2~2.5 厘米，果径 1.2~1.5 厘米，椭圆形，单果重 2.5 克左右，紫黑色，果味酸甜适口，是叶果两用型品种群。

覆盆子

学名：Rubus idaeus L.
分类：蔷薇科悬钩子属
原产地：中国

晶莹如宝石的树莓

覆盆子是蔷薇科悬钩子属的木本植物，果实味道酸甜。覆盆子也叫悬钩子、覆盆、覆盆莓、树梅、树莓、野莓、木莓、乌藨子等。覆盆子的果实是一种聚合果，在欧美作为水果，在中国大量分布但少为人知，市场上比较少见。

果： 为聚合果，由多数小核果聚合而成，果实呈圆锥形或扁圆锥形。

味： 体轻，质硬。气微，味微酸涩。

营 营养与功效

覆盆子能有效缓解心绞痛等心血管疾病，但有时会造成轻微的腹泻。覆盆子果实酸甜可口，有“黄金水果”的美誉，含有丰富的水杨酸、酚酸等物质，可镇痛解热、抗血凝，能有效预防血栓。长期食用覆盆子，能有效地保护心脏，预防高血压、血管壁粥样硬化、心脑血管脆化破裂等心脑血管疾病。

盛产期：6~11月

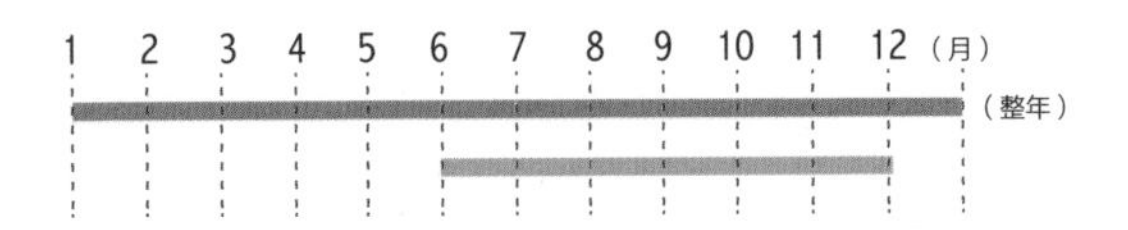

国产 · 输入

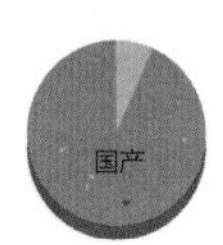

选 选购妙招

要选择珠粒饱满、无破损的覆盆子。

储 储存方法

覆盆子不宜保存，买回后要尽快食用。

烹 烹饪技巧

① 常以辅料形式添加到汤、粥中，味道鲜美。

② 可用在调制搭配甜点、海鲜类的酱料。

③ 可根据不同的炮制方法制作成盐覆盆子、酒覆盆子。

食用宜忌

肾虚有火、小便短涩的人慎食覆盆子。肾热阴虚、血燥血少的人宜少食或不食。

食 推荐食谱

草莓覆盆子果汁

原料：

覆盆子 100 克，草莓 50 克，白砂糖适量

做法：

❶ 覆盆子、草莓洗干净备用。

❷ 草莓对半切开。

❸ 将洗干净切好的水果倒入榨汁机内。

❹ 加入适量白砂糖。

❺ 开启榨汁功能键。

❻ 倒出即可。

品种群

TOP ❶ 红树莓

叶背银白色，嫩叶紫红色。浆果圆球形，深红色，芳香味浓，品质优良。

TOP ❷ 黑树莓

黑树莓是北美洲的土生品种，常见于北美和加拿大。果色通常紫黑色，种子较小，内核中空，覆盖有一层白色的果粉。果味酸甜适口，风味浓郁。

TOP ❸ 金树莓

金树莓是一个较新的品种，价格远远高于红树莓。它们是红树莓品种群发生自然变异的结果，颜色从清晰的淡黄色慢慢变为高贵的杏子黄。甘美的味道和口感给人绵软、柔顺的感觉，还有淡淡的杏子清香。

TOP ❹ 蓝树莓

从美国引入。果实初结时为浓绿色，成熟时变为蓝黑色，果面颜色与黑树莓相似，浆果圆锥形，单粒重3~6克，丰产。

TOP ❺ 红宝珠

核果成熟时为红色至深红色，圆球形。果实中大，重2.5克左右。果汁红色。树莓果香味浓。

TOP ❻ 红宝达

丛生灌木，较直立，小叶卵圆形或阔卵圆形。成熟果实红色至深红色，圆锥形或短圆锥形。果实大，单果重3克左右。果汁红色，香味浓。

TOP ❼ 丰满红树莓

聚合小浆果，纵径约2.5厘米，横径约2.52厘米，平均果重6.9克，每果由20~50枚小果组成，每单果内有种子1枚。果实成熟为鲜红色，亮丽透明，味甜酸适口，适于鲜食、加工和速冻。

TOP ❽ 红宝玉树莓

红宝玉原产于加拿大。浆果呈红色，平均单果重2.9克，最大果重4克，熟后容易与花托呈帽状分离。果实比红树莓大，鲜食风味佳。采收期可从6月末延续到8月初。

葡萄

学名：Vitis vinifera L

分类：葡萄科葡萄属木质藤本植物

原产地：欧洲、西亚和北非一带

最古老的果树树种之一

世界各地的葡萄约 95% 集中分布在北半球。葡萄几乎占全世界水果产量的 1/4，营养价值很高，可制成葡萄汁、葡萄干和葡萄酒。葡萄据说是张骞出使西域时经丝绸之路带入中国的，在中国种植已有 2000 年之久。

营 营养与功效

葡萄中的多种果酸有助于消化，能健脾和胃，对神经衰弱、疲劳过度大有裨益。葡萄比阿司匹林能更好地阻止血栓形成，降低血小板的凝聚力，对预防心脑血管病有一定作用。

选 选购妙招

要选购果粒饱满结实、不易脱落、果皮光滑的葡萄，皮外有一层薄霜的为好。

储 储存方法

放入冰箱可保存 1 周，建议现买现食。

盛产期：7~8 月

1 2 3 4 5 6 7 8 9 10 11 12（月）

（整年）

国产 · 输入

烹 烹饪技巧

① 葡萄除生食外，还可以制干、酿酒、制汁、酿醋、制罐头与果酱等。

② 吃葡萄后最好漱口或刷牙，可预防有机酸腐蚀牙齿。

食用宜忌

糖尿病人、腹泻患者、脾胃虚寒者不宜多吃葡萄。

食 推荐食谱

葡萄玛芬

原料：

葡萄 50 克，鸡蛋 1 个，牛奶 30 毫升，玉米油 35 毫升，白糖 30 克，低筋面粉 100 克，泡打粉 5 克

做法：

❶ 将鸡蛋、牛奶、玉米油、白糖放入容器中，搅拌均匀。
❷ 筛入低筋面粉和泡打粉，用刮刀翻拌均匀至无粉状态。
❸ 将一部分葡萄切碎，放入面糊中，搅拌均匀。
❹ 将面糊倒入纸杯中，至七八分满，撒上剩下的葡萄。
❺ 烤箱预热 200℃，烤 20 分钟即可。

品种群

TOP❶ 巨峰葡萄

穗大，粒大，单粒重 10 克左右。8 月下旬成熟，成熟时紫黑色，味甜，果粉多，有草莓香味，果肉较软，味甜、多汁，有草莓香味。果粒呈卵圆形，果肉硬而脆甜，品质极佳。

TOP❷ 无核白葡萄

果穗大，果粒着生紧密或中等紧密。椭圆形，黄白色，果粉中等厚，皮薄脆。果肉浅绿色，半透明，肉脆，味甜，汁少，无香味。

TOP❸ 红提

又名晚红、红地球、红提子，果穗大，果粒圆形或卵圆形，较好的果粒可达乒乓球大小，果粒着生松紧适度，整齐均匀。果皮中厚，果实呈深红色。果肉硬脆，肉色为微透明的白色。

TOP❹ 黑提

黑提葡萄果穗呈长圆锥形，平均穗重 500~700 克。果粒阔卵形，果顶有明显的三条线，平均粒重 8~10 克，皮厚肉脆，果皮蓝黑色，光亮如漆，味酸甜。

TOP ❺ 青提

果粒圆形或卵圆形，果粒着生松紧适度，整齐均匀。果皮中厚，果实呈深红色。果肉硬脆，能削成薄片，味甜可口，风味纯正，刀切无汁，品质极佳。果柄长，与果实结合紧密，不易裂口。

TOP ❻ 玫瑰香葡萄

粒小，未熟透时是浅浅的紫色，就像玫瑰花瓣一样，口感微酸带甜，一旦成熟却又紫中带黑。

TOP ❼ 红宝石葡萄

果穗大，一般重 850 克，最大穗 1500 克，圆锥形，有歧肩，穗形紧凑。果粒较大，卵圆形，果粒大小整齐一致。果皮亮红紫色，皮薄，果肉脆，无核，味甜爽口。

TOP ❽ 水晶葡萄

成熟时果实均匀透亮，呈淡黄色，透过阳光可以看到里面的核，宛如一颗颗水晶珍宝。水晶葡萄为鲜食、酿酒兼用性优质葡萄品种群。

TOP ❾ 醉金香葡萄

果穗特大，平均穗重 800 克，最大可达 1800 克，果穗紧凑。果粒呈倒卵形，充分成熟时果皮呈金黄色，成熟一致，大小整齐。果脐明显，果粉中多，果汁多，无肉囊，香味浓，品质上等。

TOP ❿ 洋红蜜葡萄

果实深红色，长椭圆形。果粒重 8.7 克，果穗大，平均重 465 克。圆锥形，果粒着生中等密。皮薄，果粉中等厚。果肉硬脆，汁中等多，味酸甜。品质上等，鲜艳美观。

TOP ⓫ 沙巴珍珠葡萄

果穗平均重 200~500 克，圆锥形，黄绿色，充分成熟时浅黄色。果皮薄，肉质稍脆，多汁，味甜酸，有玫瑰香味，营养价值高。

TOP ⓬ 紫珍香葡萄

一般单穗重 350 克以上。果实长卵形，平均单果重 10 克。果皮黑紫色，果粉多，外观美丽。果皮与果肉、果肉与种子均易分离。果肉软，汁多，有较浓的玫瑰香味，酸甜可口，品质上等。

品种群

TOP ⑬ 白羽葡萄

椭圆形，黄绿色，果穗中等大或较大，平均穗重 429 克，圆锥形或圆柱形，有大或中等副穗，常形成对称歧肩，呈翼状，故又名“白翼”。果粒着生紧密，平均粒重 2.5 克。

TOP ⑭ 京亚葡萄

果穗圆锥形或圆柱形，平均穗重 400 克，果粒着生紧密，果粒椭圆形，果皮紫黑色或蓝黑色，果粉厚，肉质较软，汁很多，味酸甜，微有草莓的味。

TOP ⑮ 夏黑葡萄

果穗大，平均穗重 420 克左右，果粒近圆形，果皮紫黑色，果实容易着色且上色一致。果粉厚，果皮厚而脆。果肉硬脆，无肉囊，果汁紫红色，有较浓的草莓香味，无核，品质优良。

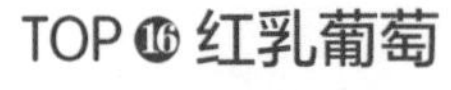

TOP ⑯ 红乳葡萄

欧亚品种群，属中晚熟品种群。它外观奇特，品质绝伦，外形高贵，让人一见即有垂涎欲滴之感。该品种群穗子紧密，粒子细长且果顶极尖，肉质硬酥脆，每粒含种子 1~2 粒，果皮薄。

TOP ⑰ 魏可葡萄

果穗圆锥形，平均穗重 450 克，穗形大小整齐，果粒着生较松。果粒卵圆形，果皮紫红色至紫黑色，果粒大，平均粒重 10.5 克，果皮中厚，具韧性，果肉脆，无肉囊，多汁，果汁绿黄色，味甜，品质优良。

TOP ⑱ 藤稔葡萄

叶片大，近圆形，较厚，表面有明显的网状皱折。果穗中等大，果粒大，呈近圆形。果皮厚，黑紫色，易与果肉分离。肉质较紧，汁多，味甜。

TOP ⑲ 摩尔多瓦葡萄

果穗圆锥形，中等大，平均穗重 650 克。果粒着生中等紧密，果粒大，短椭圆形。果皮蓝黑色，着色非常整齐一致，非常漂亮，果粉厚。果肉柔软多汁，口感一般。每果粒含种子 1~3 粒。

TOP ⑳ 维多利亚葡萄

果圆锥形或圆柱形，平均穗重 630 克，果粒着生中等紧密。果粒大，长椭圆形，粒形美观。果皮黄绿色，果肉硬而脆，味甘甜爽口，品质佳，果肉与种子易分离，含种子以 2 粒居多。

蔓越莓

学名：Oxycoccos
分类：杜鹃花科越橘属
原产地：北美湿地

红色的“仙鹤之果”

蔓越莓，又称蔓越橘、小红莓、酸果蔓，其名称来源于原称“鹤莓”，因蔓越莓的花朵很像鹤的头和嘴而得名，是杜鹃花科越橘属红莓苔子亚属的俗称，主要生长在北半球的凉爽地带酸性泥炭土壤中。

营养与功效

可预防妇女常见的泌尿道感染问题，降低胃溃疡及胃癌的发生率，减少心血管老化病变，抗老化，预防老年痴呆，养颜美容，维持肌肤年轻健康。

选购妙招

果农在出售新鲜蔓越莓时通常会带着茎部一起，可以从其茎部坚挺的程度以及果实鲜活的状况来判断其新鲜程度。挑选色泽明亮、饱满结实的。一般颜色越深红，其中花青素的含量越高。

储存方法

将蔓越莓置于袋中，可在冰箱中冷藏保存 2~3 周；在不开封的情况下，则可在冷冻中贮存约 9 个月之久。

盛产期：11 月 ~ 明年 8 月

1 2 3 4 5 6 7 8 9 10 11 12（月）
（整年）

国产 · 输入

烹 烹饪技巧

蔓越莓可以用来做蔓越莓酱、做沙拉、搭配全谷物食品、用来制作甜点等。

食用宜忌

长时间身体状态虚弱的人不适合吃蔓越莓。气郁体质、阳虚体质、瘀血体质、脾胃久虚者少食。

食 推荐食谱

罗兰酥

原料：

无盐黄油 125 克，糖粉 75 克，低筋面粉 200 克，杏仁粉 25 克，鸡蛋黄 30 克，蔓越莓果酱、鸡蛋液各适量

做法：

❶ 黄油里加入糖粉，用打蛋器打至颜色发白、体积变大。
❷ 加入蛋黄搅拌匀，筛入低筋面粉，加杏仁粉，搅拌。
❸ 盖保鲜膜冷藏 1 小时后取出，用擀面杖擀成 0.3 厘米厚。
❹ 用圆形饼干模压模型，铺在烤盘上，围边。
❺ 表面刷上蛋液，挤上适量果酱，入烤箱烘烤即可。

品种群

TOP ❶ 中国蔓越莓——牙格达

大兴安岭野生红豆果，又叫北国红豆（当地人叫牙格达），是小矮棵植物，高不及 10 厘米，叶呈椭圆形，肥厚而丰满。果实呈串，成熟时将秧压至地面。往往是通红一片，产量极丰。

TOP ❷ 小果蔓越橘（即北方蔓越橘、酸果蔓越橘）

分布于北亚、北美北部及欧洲北部和中部，生长于沼泽地；茎细韧，匍匐；叶常绿，广椭圆形或椭圆形，长不及 1.2 厘米；花小，花冠淡红色，4 浅裂；浆果球形，绯红色，大小如茶藨子，有斑点，味酸。

TOP ❸ 美洲蔓越橘（即大果越橘）

在美国东北大部地区野生，比小果蔓越橘茁壮；浆果大，球形、长圆形或梨形；果皮颜色多种，粉红色至暗红色或红白杂色；广泛栽植于马萨诸塞、新泽西、威斯康辛及华盛顿州和俄勒冈州近太平洋沿岸地区。

圣女果

学名：Lycopersivonesculentum Mill.
分类：茄科番茄属
原产地：南美洲

樱桃般的小番茄

圣女果常被称为小西红柿，中文正式名叫做樱桃番茄，是一年生草本植物，属茄科番茄属，植株最高时能长到 2 米。

果： 果实鲜艳，有红、黄、绿等果色，单果重一般为 10~30 克，果实以圆球形为主；种子比普通西红柿小，心形。密被茸毛。

营 营养与功效

圣女果含有糖分、蛋白质、矿物质、果胶，还有胡萝卜素、维生素 B_1、维生素 B_2、番茄色素等，具有生津止渴、健胃消食、清热解毒、凉血平肝、补血养血和增进食欲的功效。

选 选购妙招

颜色越深的圣女果越甜，叶子绿、果实硬的圣女果最为新鲜美味。

储 储存方法

把圣女果放在通风、干燥、不被阳光直射的地方或者放入冰箱冷藏。

盛产期：4~7 月

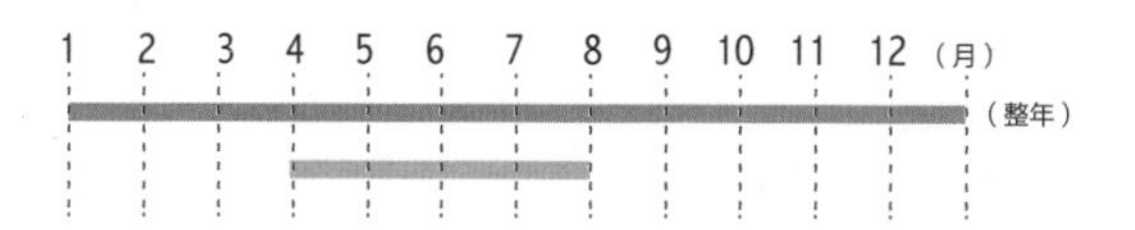

国产 · 输入

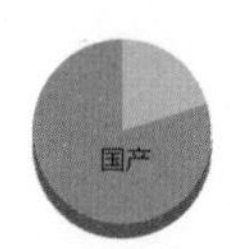

烹 烹饪技巧

① 圣女果可以生食、煮食、加工制成番茄酱、汁或整果罐藏。

② 未成熟的圣女果含番茄碱较多，有一定毒性，不宜食用。

食用宜忌

不要吃没有熟透的圣女果，以免造成中毒；空腹的时候食用圣女果可能会造成胃痛。孕妇拉肚子时忌吃圣女果。

食 推荐食谱

圣女果酸奶沙拉

原料：

圣女果 150 克，橙子 200 克，雪梨 180 克，酸奶 90 克，葡萄干 60 克，山核桃油 10 毫升，白糖 2 克

做法：

❶ 圣女果对半切开；雪梨去皮切块，去心；橙子切片。

❷ 取一碗，倒入酸奶，加入白糖，淋入山核桃油。

❸ 拌匀，制成沙拉酱，待用。

❹ 备一盘，四周摆上橙子片、圣女果、雪梨，浇上沙拉酱，撒上葡萄干即可。

品种群

TOP ❶ 红圣女果

果型最小，长椭圆形，单果重 10 克左右，产量高，可溶性固形物含量高，品质最好。

TOP ❷ 黄圣女果

椭圆形，果皮黄色。果型相对较大，果实皮较厚，颜色鲜黄，品质相对较好。

TOP ❸ 珍珠番茄

果型较小，圆形，单果重 12 克左右，可溶性固形物含量较高，品质较好，产值较高。

TOP ❹ 深红大枣番茄

单果重最大，椭圆形，果皮为紫色，产量最高，皮色较差，品质一般。

酸浆

学名：Physali alkekengi L
分类：茄科酸浆属
原产地：中国

穿着“裙子”的姑娘果

酸浆又名挂金灯、灯笼草、灯笼果、洛神珠、泡泡草、鬼灯等，北方称为菇蔫儿、姑娘儿，以果实供食用。其他地区种植较少，仍属稀特蔬菜。

营 营养与功效

酸浆果实中含有多种营养成分，其中钙的含量是西红柿的 73.1 倍、胡萝卜的 13.8 倍，维生素 C 的含量是西红柿的 6.4 倍、胡萝卜的 5.4 倍，有清热解毒、利尿降压、强心抑菌等功能。

选 选购妙招

表面有一层类似干枯的表皮，表皮腐烂的不能选。颜色浅黄、果实饱满的为佳。

储 储存方法

宜袋装保存，置于阴凉通风干燥处即可。

盛产期：6~10 月

1	2	3	4	5	6	7	8	9	10	11	12（月）

（整年）

国产 · 输入

烹 烹饪技巧

酸浆与蜂蜜蒸食，可治疗风热咳嗽。

食用宜忌

患有咽痛音哑、痰热咳嗽、小便不利的患者非常适宜食用；孕妇、身体虚弱和下泻的患者忌食。

食 推荐食谱

酸浆芝士华夫饼

原料：

酸浆 30 克，华夫饼 2 块，奶油芝士 250 克，黄油 1/2 杯，香草精、盐各适量

做法：

❶ 奶油芝士、黄油室温软化，加上香草精、盐搅拌均匀，制成芝士奶油酱。

❷ 华夫饼涂上一层芝士奶油酱，铺上酸浆。

❸ 放上一块华夫饼，淋上芝士奶油酱，点缀上酸浆即可。

品种群

TOP ❶ 红姑娘果

又称山姑娘果，外皮为橘红色。

TOP ❷ 小黄姑娘果

别名戈力、洋菇娘、毛酸浆，成熟后呈黄色，株枝上的姑娘果呈多角灯笼形，内有圆形果球，如樱桃大小，成熟后可食用，味甘甜。

猕猴桃

学名：Actinidia chinensis Planch
分类：猕猴桃科猕猴桃属
原产地：中国湖南省湘西地区

浑身绒毛的“猕猴”

猕猴桃原产于中国，一个世纪前引入新西兰。因猕猴喜食，故名猕猴桃；亦有说法是因为果皮覆毛，貌似猕猴而得名。

营 营养与功效

猕猴桃含丰富的矿物质（包括钙、磷、铁）、胡萝卜素和多种维生素。它含有的维生素 C 有助于降低血液中的胆固醇水平，起到扩张血管和降低血压的作用。它还具有抗糖尿病的潜力。

选 选购妙招

选购猕猴桃，一般要选择整体处于坚硬状态的果实。凡是已经整体变软或局部有软点的果实，都尽量不要。凡是有小块碰伤、软点、破损的，都不能买。

储 储存方法

可以把未熟的猕猴桃和已经成熟的其他水果放在一起，这样，苹果、香蕉、西红柿等水果散发出的天然催熟气体“乙烯”，就会传染猕猴桃，促进它变软变甜。

盛产期：10~12 月

1 2 3 4 5 6 7 8 9 10 11 12（月）

（整年）

国产 · 输入

烹烹饪技巧

① 可生吃、榨果汁、制果干、做果酱。

② 将猕猴桃两端切掉，用勺子沿着皮刮一圈，可轻松剥掉猕猴桃皮。

食用宜忌

脾虚便溏者、风寒感冒、疟疾、寒湿痢、慢性胃炎、痛经、闭经、小儿腹泻者不宜食用猕猴桃。

食推荐食谱

猕猴桃泥

原料：

猕猴桃 90 克

做法：

❶ 洗净去皮的猕猴桃去除头尾。

❷ 切开，去除硬心。

❸ 再切成薄片，剁成泥。

❹ 取一个干净的小碗，盛入做好的猕猴桃泥即可食用。

品种群

TOP ❶

中华猕猴桃

果面光滑，具极短茸毛，果肉黄绿色。

TOP ❷

红阳猕猴桃

属中华系大果型品种，果形美观，果实为短圆柱形，果皮呈绿褐色，无毛。成熟后的果肉呈翡翠绿色（或黄色）。

TOP ❸

美味猕猴桃

果面密布黄褐色硬毛或近两端具硬毛，果肉翠绿色或黄绿色，叶、花、果都较大。

TOP ❹

金艳猕猴桃

中华系猕猴桃，果实长圆柱形，果皮黄褐色，少茸毛。果实大小匀称，外形光洁，果肉金黄，细嫩多汁，味香甜；平均单果重 101 克，特耐贮藏。

TOP 5

红美猕猴桃

平均单果重73克，最大单果重100克。果皮黄褐色，密生黄棕色硬毛，果顶微凸。种子外侧果肉红色，横切面红色素呈放射状分布。肉质细嫩，微香，口感好，易剥皮。

TOP 6

徐香猕猴桃

果实圆柱形，果皮黄绿色，被褐色硬刺毛。单果重75~110克，最大果重137克。果肉绿色，浓香多汁，酸甜适度。

TOP 7

金香猕猴桃

果实近圆柱形，较整齐，果个中大，平均单果重90克，最大单果重116克，梗洼浅，果顶凹陷，果皮黄褐色，附短绒毛，果肉绿色，细腻汁多，风味酸甜，清香爽口。

TOP 8

楚红猕猴桃

果实圆柱形，果皮褐绿色，果面光滑无毛。果实近中央部分中轴周围呈艳丽的红色，果实横切面呈放射状彩色图案，极为美观诱人。果肉细嫩汁多，风味浓甜可口，香气浓郁，品质上乘。

TOP 9

软枣猕猴桃

野生于东北、西北、华北、长江流域的山坡灌木丛或林内，抗寒性强。果实椭圆形，小而光滑。

TOP 10

狗枣猕猴桃

分布于东北、河北、陕西、湖北、江西、四川、云南等省的林中，多生长在海拔3600米的地区，抗寒性最强，果实小。

TOP 11

葛枣猕猴桃

主要分布于东北、西北、山东、湖北、湖南、河南等省区，生于海拔3200米的林中，抗寒能力强，果实小，直径仅1厘米左右。

TOP 12 米良1号

果实成熟期为9月中下旬，果实长圆柱形，果皮棕褐色，平均单果重87克，最大单果重135克。果肉黄绿色，汁多，有香味，酸甜可口。

柿子

学名：Diospyros Kaki L.f
分类：柿科植物干果类水果
原产地：中国

历史悠久的国产水果

柿子是柿科植物干果类水果，成熟季节在10月左右，果实形状较多，如球形、扁桃、近似锥形方形等，不同品种群的颜色从浅橘黄色到深橘红色不等，大小从2厘米到10厘米，重量从100克到450克。

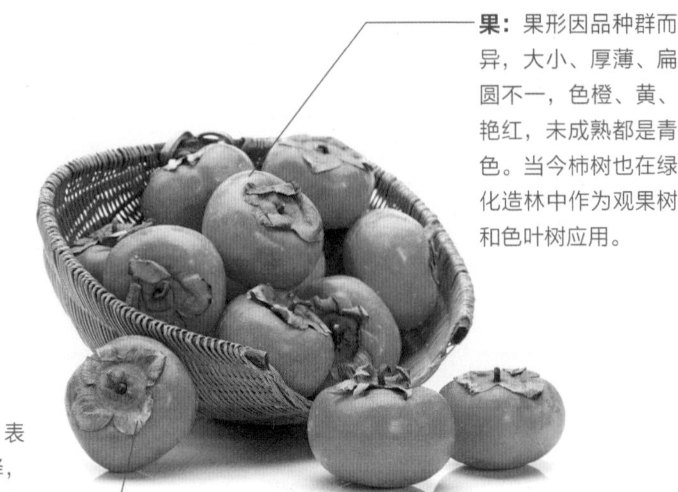

果：果形因品种群而异，大小、厚薄、扁圆不一，色橙、黄、艳红，未成熟都是青色。当今柿树也在绿化造林中作为观果树和色叶树应用。

叶：叶阔椭圆形，表面深绿色、有光泽，革质，入秋部分叶变红，叶痕大、红棕色，维管束痕呈凹入状。

营养与功效

柿子所含维生素和糖分比一般水果高1~2倍。柿子甘寒微涩，归肺、脾、胃、大肠经，具有润肺化痰、清热生津、健脾益胃等功效，含有丰富的胡萝卜素、核黄素、维生素等微量元素。

选购妙招

1. 软柿：一般而言，软柿表皮橙红色，软而甜，选购时要注意整体同等柔软，有硬有软者则不佳。

2. 硬柿：表皮青色，偏硬而不脆，选购时用手摸试试，手感硬实者为佳。

储存方法

入冰箱冷藏的柿子可先不清洗，只以塑料袋或纸袋装好，防止果实水分蒸散。可以在塑料袋上扎几个小孔，以保持透气，避免水气积聚，造成柿子腐坏。

盛产期：10月

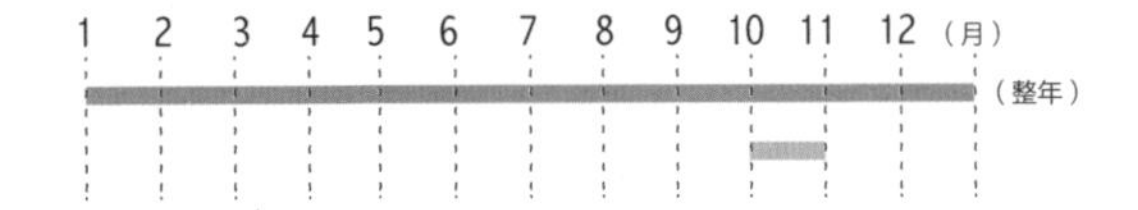

国产 · 输入

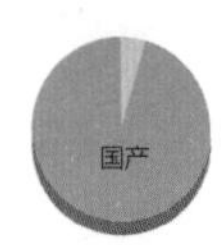

烹 烹饪技巧

① 柿子性寒，一次不可食用过量。

② 柿子可生吃，还可酿成柿酒、柿醋，加工成柿脯、柿粉、柿霜、柿茶、冻柿子等。

食用宜忌

慢性胃炎、消化不良等胃功能低下者及外感风寒咳嗽者不宜食用柿子；体弱多病者、女性月经期间均忌食柿子。

食 推荐食谱

冻柿子

原料：

柿子 2 个，蓝莓果酱适量

做法：

❶ 取出保鲜盒，放入洗净的柿子，放入冰箱冷冻一夜。

❷ 取出冷冻好的柿子。

❸ 打开盖子，倒入清水，浸泡一会儿以方便去除外皮。

❹ 倒出泡过的清水，将柿子外皮揭掉。

❺ 取一高脚杯，放入去皮的柿子。

❻ 点缀上蓝莓果酱即可。

品种群

TOP ❶ 磨盘柿

磨盘柿果实扁圆，腰部具有一圈明显缢痕。体大皮薄，平均单果重 230 克左右，最大可达 500 克。果顶平或微凸，脐部微凹，果皮橙黄至橙红色，细腻无绉缩，果肉淡黄色，宜生吃。

TOP ❷ 牛心柿

牛心柿产于渑池县石门沟，因其形似牛心而得名。顶端呈奶头状凸起，果实由青转黄，10 月份成熟果色为橙色。

TOP ❸ 罗田甜柿

中国湖北省大别山区罗田县产的甜柿，是全球唯一自然脱涩的甜柿品种，秋天成熟后可直接食用。特点是个大色艳，身圆底方，皮薄肉厚，甜脆可口，籽少。

TOP ❹ 鸡心黄柿子

属晚熟类品种群，属于耐储藏品种群，色泽红艳。鸡心黄柿子因其果实形状狭长丰满、似颗鸡心而得名，晶莹光亮，皮薄无核，肉丰蜜甜，深受消费者的赞誉。

TOP 5 火晶柿子

因果实色红如火、果面光泽似水晶而得名；又因熟后质软、外皮火红，深秋成熟时挂满枝头，如火焰般艳丽，所以又叫“火景”。它的特点是个小色红，果实扁圆，晶莹光亮，皮薄无核，吃起来凉甜爽口，甜而不腻。

TOP 6 曹州镜面柿

山东菏泽的特产果品，以质细、味甜、多霜而驰名中外。果实中等大，单果重 150 克左右，果形扁圆，大小均匀。

TOP 7 无核方柿

临安市昌北山区特有的优良柿种，因呈方形又无核而得名。柿果色泽美丽，甜美爽口，涩味极轻。世代相传已逾两百余年，全身是宝，经济价值很高。

TOP 8 富平尖柿

主要分布在陕西省富平县。果个中等，平均单果重 155 克，长椭圆形，大小较一致。皮橙黄色，果肉橙黄色，肉质致密，纤维少，汁液多，味极甜，无核或少核，品质上等。该品种最宜制饼。

TOP 9 青州大萼子柿

分布在山东省。果个中等，呈矮圆头形，具 4 棱，平均单果重 120 克，最重 145 克。果面光滑，橙红色。果肉橙黄色，肉质松脆，汁多味甜，脱涩后质地极柔软，味香甜，无核，品质极佳。

TOP 10 金瓶柿子

青岛地区的乡土品种群，属涩柿品种群，可自花授粉，不需另配授粉树。果实顶尖部较圆平顶。除鲜食果外，它还是绿化、观赏、美化的优良树种之一。

石榴

学名：Punica granatum L.
分类：石榴科石榴属浆果
原产地：伊朗、阿富汗等中亚地区

“多子多福”的吉祥果

石榴原产于伊朗及其周边地区，汉代时经由西域传入中原。石榴成熟的季节是中秋、国庆两大节日期间，是馈赠亲友的喜庆吉祥佳品。西安市的市花即为石榴花。

果： 石榴成熟后变成大型而多室、多籽的浆果，每室内有多数籽粒。

味： 外种皮肉质，呈鲜红、淡红或白色，多汁，甜而带酸。

营 营养与功效

石榴富含维生素 C，能预防坏血病，美白皮肤；富含红石榴多酚，可以清除自由基，延缓衰老；还富含花青素，抗衰老的同时可以保护视力。

盛产期：9~10 月

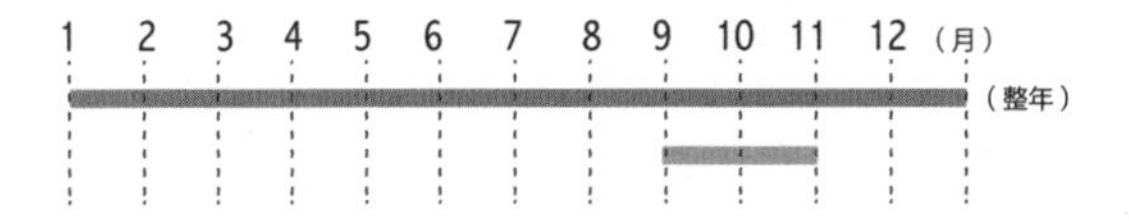

国产 · 输入

选 选购妙招

选择表皮饱满不松弛、颜色光滑发亮无黑斑、手感较重的石榴；同时，因为品种群的关系，石榴一般是黄色的最甜。

储 储存方法

将石榴放进塑料袋子里，装袋前先检查袋壁有无破损和漏气，每个袋子可装 5~15 千克，袋口初期不要扎紧，折叠拧紧即可。贮放一个月后，每半个月检查一次。当外界气温降至 5℃以后，扎紧袋口，放在室内通风阴凉处。

食用宜忌

不宜与带鱼同食，可能会头晕、恶心、腹痛、腹泻；不可与螃蟹同食，易刺激肠胃，引起不适。

烹 烹饪技巧

石榴一般生吃、榨汁食用。

食 推荐食谱

石榴汁

原料：

石榴 150 克 ，蜂蜜少许

做法：

❶ 取榨汁机，选择搅拌刀座组合，倒入备好的石榴肉。
❷ 注入适量的纯净水，盖好盖子。
❸ 选择“榨汁”功能，榨取果汁。
❹ 断电后倒出石榴汁，装入杯中。
❺ 加入少许蜂蜜拌匀即成。

品种群

TOP❶ 白石榴

粤东特产，浆果近球形，径约10厘米，褐黄色至白色泛红，内具薄隔膜。种子多，包藏于白色或淡红色的果囊内。果皮细薄，籽粒晶莹饱满，个头硕大，汁液丰富，味道醇美，享有“白糖石榴”的美誉。

TOP❷ 青皮石榴

属大型果，果实扁圆形，果肩较平，果面光滑，表面青绿色，向阳面稍带红褐色。梗洼平或凸起，萼洼稍凸。籽粒鲜红或粉红色，透明。

TOP❸ 红壳石榴

原产于云南巧家县，果为球形，表面有7棱，果重320~400克，皮红，籽粒大，略圆，暗红多汁，味甘美。

TOP❹ 青壳石榴

原产于云南，果大，重约300克，果皮淡绿，籽粒大，淡红色，汁多味甘，质佳。

TOP❺ 粉皮石榴

原产于安徽怀远，果大，略呈圆球形，表面有棱肋，果重160~300克。皮深红，果粒鲜红色，汁多味甜，品质极佳。

TOP❻ 大红种石榴

原产于江苏吴县，晚熟品种群，果为略扁的圆球形，果表面有棱5~6条，籽粒大，红色，多汁味甜，品质上乘。

TOP❼ 小红种石榴

产于江苏吴县，果为圆球形，果面粗糙，有不明显棱肋，底色淡绿黄，带红晕，有少许锈斑块，籽粒稍小，深红色，品质中等，风味佳。

TOP❽ 大红石榴

原产于云南呈贡，果呈圆球形，重约200克，果皮成熟时深红色，籽粒桃红白色，汁多，味甘无酸，品质中上。

品种群

TOP ❾ 建水酸石榴

云南建水县产，果为圆球形，重约390克，果面有多条棱肋，果的横切面为六角或四方形，果熟时鲜红色，籽粒大，汁多肉厚，稍有酸味。

TOP ❿ 玉石子石榴

原产于江苏吴县，果圆球形，重约200克，果皮黄白色，微带红晕，皮薄多汁，味甜籽软，品质上佳。

TOP ⓫ 水晶石榴

原产于江苏吴县，果大，圆球形，重约250克，果面有5~6条棱，黄绿色，略带红晕，皮薄，子粒大，晶莹剔透，味甜多汁，品质极佳。

TOP ⓬ 天红蛋石榴

原产于陕西临潼，果扁圆球形，有宽棱肋，重约200克，皮厚，表面深红或紫红，籽粒淡红色，汁多味甜，入口爽脆。

TOP ⓭ 荷兰巨果黑石榴

9月下旬成熟。果皮紫黑色，果粒紫红色，外表光洁发亮，美丽娇艳，味甜可口，耐贮运，是正在兴起的极具发展潜力的大果型黑色食品，南北皆有。

TOP ⓮ 御石榴

原产于陕西乾县，果扁圆球形，甚大，皮厚，表面鲜红色，籽粒大，具有明显棱角。肉透明，粉红色，多汁，味甜、酸。果实圆球形，极大，单果平均重750克，最大果重达1500克。果面光洁，底色黄白，阳面浓红色，果皮厚，汁液多，味甜酸，品质中上。

香蕉

学名：Musa nana Lour.
分类：芭蕉科芭蕉属
原产地：亚洲东南部

佛祖赐予的“智慧之果”

香蕉果实长而弯，果肉软，味道香甜，在中国是“岭南四大名果”之一，与菠萝、龙眼、荔枝并称为“南国四大果品”。传说佛教始祖释迦牟尼由于吃了香蕉而获得智慧，香蕉因此被誉为“智慧之果”。

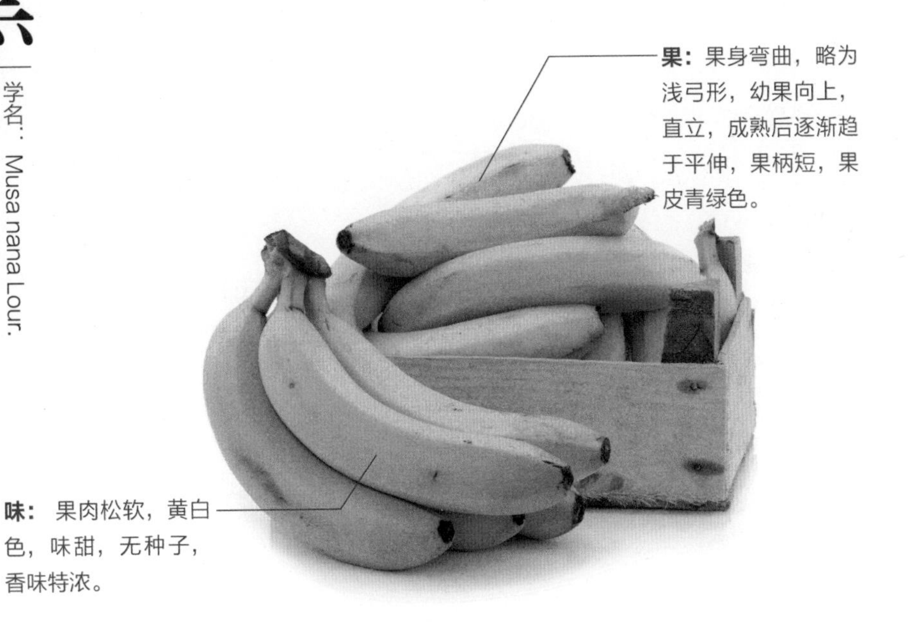

营养与功效

香蕉富含维生素 A，能促进生长，维持正常的生殖力和视力；富含硫胺素，能抗脚气病，促进食欲，助消化，保护神经系统；富含核黄素，能促进人体正常生长和发育；富含钾，可以帮助控制血压降低；富含纤维素，可刺激肠胃蠕动，帮助排便。

盛产期：4~10月

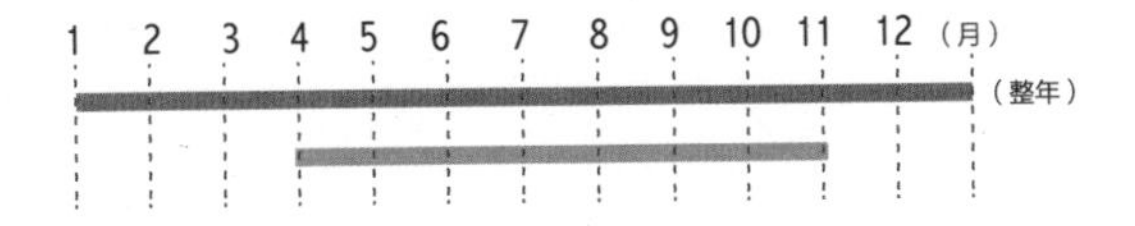

国产 · 输入

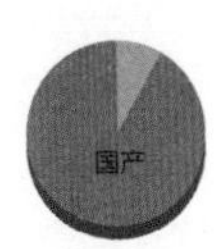

选 选购妙招

看香蕉的颜色：皮色鲜黄光亮，两端带青的为成熟适度果；果皮全青的为过生果；果皮变黑的为过熟果。用两指轻轻捏果身：富有弹性的为成熟适度果；果肉硬结的为过生果；易剥离的为过生果；剥皮黏带果肉的为过熟果。

储 储存方法

香蕉不宜保存，容易腐坏。可用清水冲洗几遍，用干净的抹布擦干水分，表皮要保持无水分的干燥状态，用几张旧报纸将香蕉包裹起来，放到室内通风阴凉处，注意接触面尽量小。或直接将整串香蕉悬挂起来，同样能延长保存时间。

食用宜忌

香蕉与芋头同食易导致腹胀；与西瓜同食易引起腹泻；与菠萝同食易增加血钾浓度。

烹 烹饪技巧

香蕉一般用于生吃，也可煮、烤、做拔丝香蕉等。

食 推荐食谱

吉利香蕉虾枣

原料：

虾胶 100 克，香蕉 1 根，鸡蛋 1 个，面包糠 200 克，生粉、食用油各适量

做法：

❶ 将鸡蛋打开，取出蛋黄，放在碗中，打散、调匀。
❷ 香蕉切小段，去皮，蘸上少许生粉，装盘待用。
❸ 取备好的虾胶，挤成小虾丸，蘸裹上生粉，放盘待用。
❹ 把备好的香蕉果肉塞入小虾丸中，裹上蛋黄、面包糠。
❺ 搓成红枣状，制成虾枣生坯，小火炸至熟透即可。

品种群

TOP ❶ 米蕉

又称皇帝香蕉、米香蕉、金香蕉，属香芽蕉类，是海南的热带水果之一。小米蕉果小，无籽，皮薄。熟后皮金黄色，果肉橙黄，清甜芬芳，香甜可口。外观色泽鲜艳，风味独特。

TOP ❷ 芝麻蕉

芝麻蕉是香蕉中的佳品，是一种小品种的香蕉，一般只有15厘米长，因为上面有芝麻状的小点儿，所以称为芝麻蕉。其果形略小，弯曲，肥满。

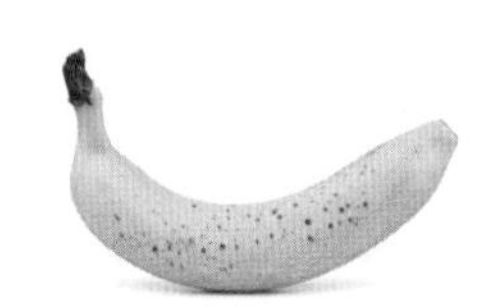

TOP ❸ 北蕉

北蕉是台湾最重要的香蕉品种，分布于南部和中部地区。平均有8~9把果手，果指形状略呈弓形。熟后果皮金黄色，肉淡黄色，细嫩香甜，风味品质极佳，尤其是3~6月果最为优良。

TOP ❹ 仙人蕉

仙人蕉属高干型香蕉，其综合性状极似北蕉，为台湾省的主栽品种群。植株瘦高，叶片较北蕉稍长而宽，色较淡绿。果实含糖量高，但品质较北蕉稍差，因果皮较厚，果实较耐贮运。

TOP ❺ 李林蕉

又称牛角蕉或树蕉。果穗倾斜，呈不对称，果指细长而尖，呈S形，每串约6~9把果手，果直，果棱明显，催熟后果皮淡粉土黄色，近似粉蕉色泽。果皮薄，淡黄色，果肉细，味甜带酸，风味中等。

TOP ❻ 西贡蕉

果指数多，果形较大，两端渐尖、饱满，果长11~13.5厘米，果皮薄，皮色灰绿，成熟时为淡黄色且易变黑。果肉乳白色，肉质嫩滑，味甚甜，香气稍淡。

TOP ❼ 灰蕉

又称粉大蕉、牛奶蕉。茎粗，果形直且起棱，甚似大蕉，但果皮披白粉，果实微弯，果柄短，果身近圆平且果身较短。果皮薄，成熟时浅黄色皮厚，果肉乳白色，肉质柔滑，汁少肉实，味清甜微香。

TOP ❽ 玫瑰蕉

叶片窄长直立，假茎细小，绿中带红。生育期短，约10个月可采收，其果房大小具明显季节性差异，产量冬低夏增，单株产量可达10千克以上，宿根产量较佳。该品种群果指细长，催熟后呈鲜黄色，果肉香甜、口感极佳。

品种群

TOP ❾ 粉蕉

又称糯米蕉。假茎高 2.5~3.8 米，茎中等粗，穗长，果指长。果形直间有微弯，棱不明显，果皮青绿，披少量白粉，成熟皮薄，色淡黄或黄色，肉质滑，味甜，具微香。

TOP ❿ 皇帝蕉

外观色泽鲜艳，风味独特，果实小巧，长约 10 厘米左右，果皮厚度只有 0.1 厘米；皮薄，色泽金黄、营养丰富，清甜芬芳。

TOP ⓫ 巴西蕉

为引入品种。果穗较长，梳形果形较好。果指长 19~23 厘米，株产 20~30 千克，是近年来较受欢迎的春夏蕉品种群。

TOP ⓬ 苹果蕉

苹果蕉属于水果型香蕉中粉蕉的一种，身上有一层淡淡的粉，皮色光滑。得名“苹果蕉”，一是因为蕉蒂很像苹果蒂，二是有苹果的口感，吃起来甜中带点酸。

TOP ⓭ 旦蕉

果房短小，果指短而圆，果皮极薄，肉质软滑，橙黄色，甜度高。

TOP ⓮ 蜜蕉

果指硕大弯曲，排列紧密， 皮厚呈深黄色，棱角明显。果肉黄白色，口感良好，风味中等，但甜度特高。

TOP ⓯ 芭蕉

浆果三棱状，长圆形，长 5~7 厘米，具 3~5 棱，近无柄，黄色肉质果实，内具多数种子，种子黑色。

TOP ⓰ 南投芭蕉

果指中型大小，微弯，周围棱角明显。表皮青绿色，熟后呈淡黄色，果柄明显。果肉乳白，质感细滑而黏，清甜可口。该品种除鲜食外，还可煮食，其花苞可作蔬菜用。

杨桃

学名：Averrhoa carambola L
分类：酢浆草科阳桃属
原产地：马来西亚、印度尼西亚

五角星状的佳果

杨桃属热带、南亚热带水果，原产于印度，现在马来西亚、印度尼西亚等国有种植，我国的海南省也有栽培。杨桃在海南的栽培历史已逾千年，其品种群有十多种，有甜杨桃和酸杨桃之分，是海南省名闻遐迩的佳果。

果：浆果肉质，下垂，有5棱，很少6或3棱，横切面呈星芒状，长5~8厘米。

味：杨桃外皮坚硬，内里酸甜多汁，味道像是葡萄、芒果和柠檬的集合体。

营 营养与功效

杨桃能减少机体对脂肪的吸收，有降低血脂、胆固醇的作用，对高血压、动脉硬化等心血管疾病有预防作用，同时还可保护肝脏，降低血糖。它能迅速补充人体的水分，生津止渴。

选 选购妙招

选购体型饱满无疤痕的果实。用手把果实的全身摸一遍，看看是不是较硬，如果出现局部或整体较软的情况最好舍弃。挑选杨桃时用手掂一掂，一般越沉的越多汁，味道越好。

储 储存方法

杨桃为一种不耐贮藏的果实，采后在常温下很快变软、失水、腐烂。杨桃贮藏期的主要病害为杨桃炭疽病，受害果实腐烂、散发酒味。防治方法：清除落果、腐烂果并深埋。

盛产期：3~6月

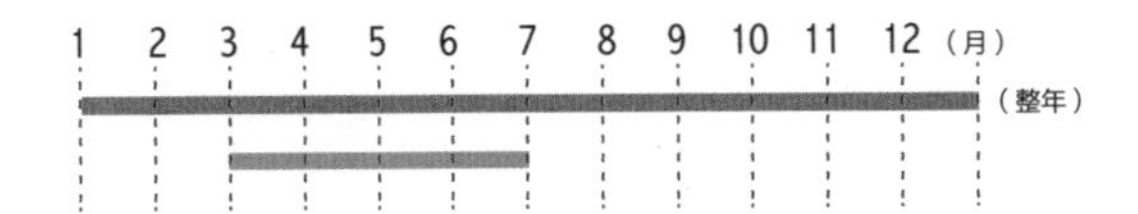

国产 · 输入

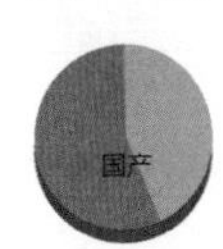

烹烹饪技巧

① 杨桃可生吃、榨汁、腌制，制果干、果酱等。

② 如果觉得杨桃太涩或者太酸，沾上一些红糖，会使杨桃更加美味。直接食用杨桃有清凉降火的功效。

③ 沾上少许盐和辣椒，这样吃起来别有一番风味。

食用宜忌

杨桃鲜果性稍寒，多食易使脾胃湿寒、便溏泄泻，有碍食欲及消化吸收。

食推荐食谱

杨桃香蕉牛奶

原料：

杨桃 200 克，香蕉 180 克，牛奶 80 毫升

做法：

❶ 香蕉去皮，切小块；杨桃去除硬心，再切成小块。

❷ 取榨汁机，选择搅拌刀座组合。

❸ 加入少许凉开水，盖上盖，榨取果汁。

❹ 断电后倒出果汁即可。

品种群

TOP ❶

七根松杨桃

果实 8~12 月成熟。单果重 99~120 克，肉橙黄色，肉厚，汁多味甜，果心小，品质上等。种子少，可食率 96%。

TOP ❷

东莞甜杨桃

果实特大，单果重250~350克，肉厚，肉色橙黄微绿，汁多味甜，化渣，果心小，品质好。种子少，可食率 97%。

TOP ❸

马来西亚甜杨桃

具有果形正、果色鲜黄、果棱厚、果心小、肉质爽脆化渣等特点，可食率高，汁多清甜，有蜜香味，单果重可达 400 克，品质极优。

TOP ❹

红种甜杨桃

红种甜杨桃为广东潮安县优良地方品种群。果形正，单果重 120~130 克，果棱厚，肉淡绿黄色，清甜多汁，果心中等，品质好。种子少，可食率 96%。

TOP ❺ 蜜丝甜杨桃

主产于台湾，果形端正，果大，较纯，果实饱满，尖端微凹入，平均果长8厘米，平均单果重168克。果肉白黄色， 肉质细嫩，纤维少，汁多，味甜。

TOP ❻ 香蜜杨桃

原产于马来西亚，海南有较大面积栽培。果实充分成熟时黄色，单果重150~300克，汁多，味清甜，化渣，纤维少，果心小，籽少或无籽。

TOP ❼ 水晶蜜杨桃

又叫红杨桃，原产于马来西亚，我国广东湛江栽培较多。果实较大，单果重200~400克，成熟果实金黄色，质地较硬，肉脆化渣，汁多，香甜可口，有蜜香。

TOP ❽ 新加坡甜杨桃

果形大，纺锤形，果稔厚饱满。果实成熟时，果皮果肉均为金黄色，色泽鲜艳，果形美观。果稔边缘绿色，果皮有腊质，果实籽少，维生素含量高，酸甜可口，有香蜜味，品质极佳。

TOP ❾ 二林种

二林种又名蜜丝软枝，是目前台湾种植面积最大的品种群，约占36%。该品种群生势较旺，果实成熟时果皮呈白黄色，微有皱纹，果蒂微凸，果尖微尖，果形纺锤形，肉质较细，风味中等。

TOP ❿ 青厚敛种

又名青鼻厚敛种，果实成熟时，果皮金黄色，敛边带绿色，果皮微皱，光滑鲜艳。果形纺锤形，比秤锤种较小。鲜食品质在2~3月间较佳，其他月份风味则平淡。目前仅台湾省彰化县栽培较多。

TOP ⓫ 秤锤种

该品种群植株生长强健，果实未熟时为白黄色，成熟后为淡黄色，敛边缘微带绿色， 果蒂部特别明显。果蒂微凸，果尖尖形，果皮有时微带皱纹，果形纺锤形。品质未达成熟时带微酸及涩味，外观较佳，为肉色。

浆
果类

无花果

学名：Ficus carica Linn
分类：桑科榕属
原产地：阿拉伯南部

黄蜂授粉的甜美鲜果

无花果是一种开花植物，隶属于桑科榕属，主要生长于一些热带和温带的地方，属亚热带落叶小乔木。无花果目前已知有八百个品种，绝大部分都是常绿品种群，只有长于温带地方的才是落叶品种群。

营 营养与功效

无花果的营养价值非常高，含有丰富的柠檬酸、苹果酸、脂肪酶、水解酶、蛋白酶等，对人体对食物的消化有着非常大的帮助，从而促进食欲。又因为无花果中含有多种脂类，因此具有润肠通便的功效。

盛产期：8~9月

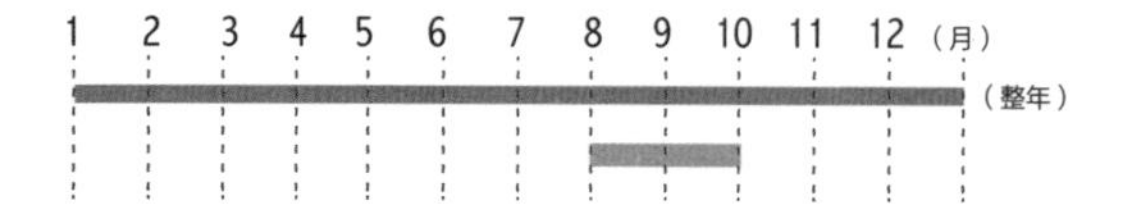

国产 · 输入

选 选购妙招

挑选无花果，首先是要挑选大个的，这样的果子果肉饱满、水分多；尽量挑选颜色较深的，这样的果实才熟透了，口感更甜；可以轻捏果实表面，挑选较为柔软的。

储 储存方法

无花果的最佳储存温度在 0~2℃之间，保存较好的果实可以储存 30 天，一般家用冰箱冷藏保存时间为 8~15 天。

食用宜忌

脂肪肝、脑血管意外、腹泻、正常血钾性周期性麻痹等患者不适宜食用无花果；大便溏薄者不宜生食无花果。

烹 烹饪技巧

无花果不仅可以当水果鲜食，也可用于烹饪菜肴。

食 推荐食谱

自制无花果干

原料：

无花果 1 小盆

做法：

❶ 选择成熟的无花果，剔除烂果、残果和其他杂质，清水冲洗后，切去果柄。

❷ 将果实摊铺在晒盘晾晒，昼夜摊开晾晒，最简单的办法就是挂在晾衣绳上。晾晒时要经常翻动。

❸ 干燥的无花果果干堆集在塑料薄膜之上，上面再用塑料薄膜盖好，回软 2~3 天，然后装入塑料食品袋内即可。

浆 果类

仙人掌果

学名：Opuntia ficus-indica
分类：仙人掌属植物
原产地：南北美洲、亚热带大陆及附近一些岛屿

带刺的营养果实

仙人掌果为仙人掌属植物的果实，果肉含有丰富的微量元素、蛋白质、氨基酸、维生素、多糖类、黄酮类和果胶等。

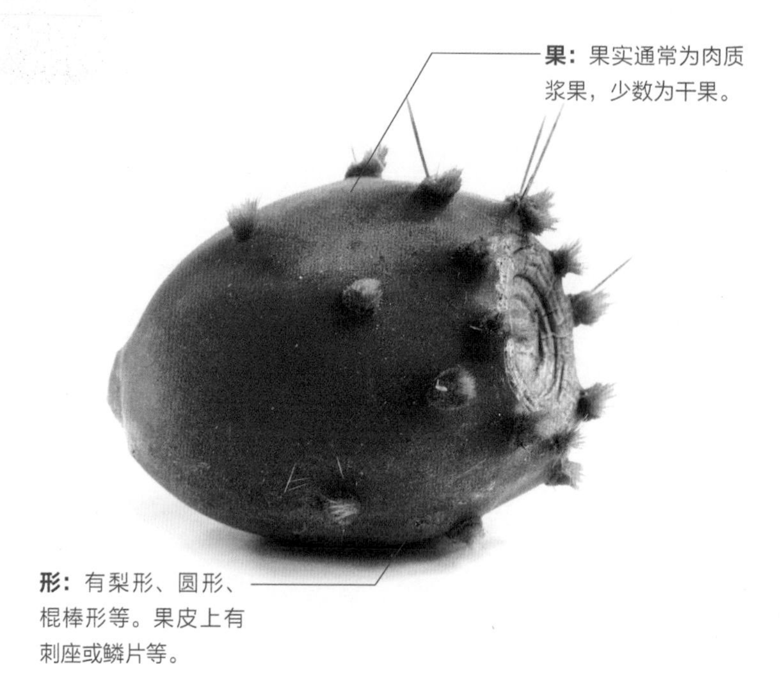

营 营养与功效

仙人掌果的抗氧化能力比维生素 C 高出 7 倍，能促进肌肤细胞再生、增强肌肤的柔软度，富含花青素。此外，仙人掌果也能促进人体正常纤维细胞的扩散再生，不论对身体内部还是表皮创伤的愈合都十分有帮助。

盛产期：6~10 月

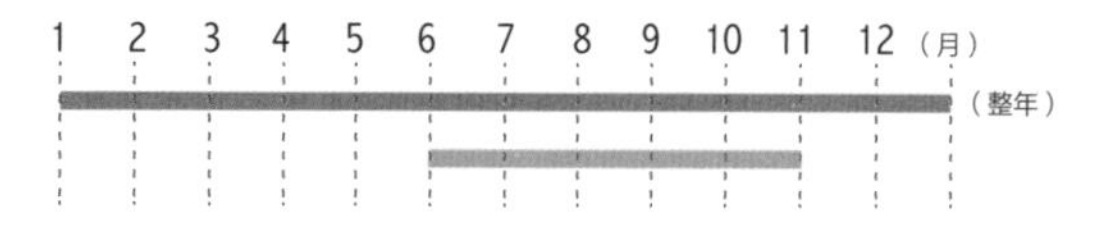

国产 · 输入

选 选购妙招

选择果实软硬适中、无损伤的仙人掌果。

储 储存方法

仙人掌果水分大、易腐烂，所以中短期储存要注意温度和湿度，长期只能脱水保存。

烹 烹饪技巧

① 掰开果皮，将果肉与蜜糖、温开水冲服，效果更佳。

② 冰箱冰冻之后食用，口感滑嫩。

③ 可以用来炼糖和酿酒。

食用宜忌

不要过量食用仙人掌果，因为仙人掌果有毒碱，会作用于人的神经中枢，食用过多可能会使人产生幻觉。

食 推荐食谱

仙人掌果汁

原料：

仙人掌果 2 个，牛奶适量

做法：

❶ 仙人掌果去皮切粒。

❷ 倒进搅拌机内打碎。

❸ 果汁倒入过滤网去籽。

❹ 调入牛奶，搅拌均匀即可。

浆
果类

百香果

学名：Passiflora edulis Sims
分类：西番莲科草质藤本
原产地：大小安的列斯群岛

集合百种水果之香

百香果又叫鸡蛋果、爱情果，学名西番莲，西番莲科西番莲属草质藤本，茎具细条纹，无毛。原产于大小安的列斯群岛，现广植于热带和亚热带地区。

果： 浆果卵球形，无毛，熟时紫色；籽多数，卵形。

味： 果肉可散发出香蕉、菠萝、草莓、荔枝、柠檬、芒果、酸梅等十几种水果的香味。

营 营养与功效

百香果的果汁色、香、味、营养俱全，富含人体必需的17种氨基酸及多种维生素、微量元素等160多种有益成分，具有消除疲劳、提神醒酒、降脂降压、消炎祛斑、护肤养颜等神奇功效。

选 选购妙招

百香果的外形如果是奇形怪状的，不宜购买。外形端正、没有明显的凹凸现象，可以选购。用鼻子闻一下百香果，如闻到一股特殊的香味，则是优质产品，且香味越浓越成熟，味道也会更好。

储 储存方法

百香果不适宜密封保存，可冰箱保鲜，不宜冻，最好将果裸放于通风干爽处，方不易变质。果壳出现凹陷、干瘪属正常现象，果瓤却更加香甜。

盛产期：11月

1 2 3 4 5 6 7 8 9 10 11 12（月）
（整年）

国产 · 输入

烹 烹饪技巧

① 直接鲜食：将百香果剖开，用调羹挖出瓤包直接食用（籽可食用，富含高级蛋白、高级脂肪）。

② 果壳除了用于提取果胶、医药成分和加工饲料外，也可用于泡酒或泡茶以及烹饪菜肴。

食用宜忌

内分泌系统疾病、男性疾病、妇科疾病、儿科疾病、传染性疾病、神经性疾病患者不宜食用百香果。

食 推荐食谱

百香果芝士

原料：

芝士300克，奶油、糖、百香果泥各50克，全蛋3个，饼干碎、玉米淀粉、优格、酸奶、草莓、黄桃丁各适量

做法：

❶ 奶油隔水溶化，加饼干碎拌匀，倒进模具，冻至凝固。
❷ 芝士隔水搅至软化，离火加入糖，搅至溶化再加酸奶。
❸ 分次加入全蛋、玉米淀粉，倒入百香果泥中拌成面糊。
❹ 面糊倒入模具， 放入烤盘，加适量水温烤60分钟。
❺ 放凉后冻2小时，取出脱模，放上草莓和黄桃丁即可。

品种群

TOP❶ 黄色百香果

成熟时果皮亮黄色，果形较大，圆形，星状斑点较明显，生长旺盛，开花多、产量高，抗病力强；异株异花授粉才能结果，要人工受粉才能保证产量，不耐寒。酸度大，香气淡，一般做工业原料加工果汁，不适合鲜吃。

TOP❷ 紫色百香果

果形较小，鸡蛋形，星状斑点不明显，单果重40~60克，果汁香味浓、甜度高，适合鲜食，但果汁含量较低，平均30%。该品种群耐寒耐热，但抗病性弱，长势弱，产量低。特征：卷须及嫩枝呈绿色，无紫色，只有成熟果皮是紫色，甚至是紫黑色。

TOP❸ 紫红色百香果

是黄、紫两种百香果杂交之优质品种。果皮紫红色，星状斑点明显，果形大，长圆形，抗寒抗病力强，长势旺盛，可自花授粉结果。果汁含量高达40%，色泽橙黄，味香，糖度达21%。

浆果类

醋栗

学名：R. grossularia
分类：醋栗科醋栗属
原产地：欧洲

色味俱佳的“小灯笼”

醋栗又名灯笼果，为虎耳草科植物山麻子的果实，浆果球形。生于杂木林或针阔混交林中，分布于我国东北、华北、山西、陕西、甘肃等地。欧洲人自中世纪起就拿来享用的夏季浆果，采收季节非常短。

果： 近圆形或椭圆形，成熟时果皮黄绿色，光亮而透明，几条纵行维管束清晰可见，比较小，花萼宿存，很像灯笼。

味： 醋栗的果肉鲜嫩，味道酸甜可口，还富含大量的营养物质。

营 营养与功效

醋栗含有人体所需的18种氨基酸，维生素C、B_1、B_2以及铁、钾、磷、锌等，维生素C的含量高出大多数水果几倍甚至上百倍，可软化血管、降低血脂血压、补钙、增强人体免疫力、抗癌。

选 选购妙招

果实饱满、软硬适中的果品为佳。

储 储存方法

宜袋装保存，置于阴凉通风干燥处即可。

盛产期：7~8月

1 2 3 4 5 6 7 8 9 10 11 12（月）

（整年）

国产 · 输入

烹 烹饪技巧

醋栗不仅可以生食，还可以加工制成果汁、果酱、果酒、果膏等。

食用宜忌

一般人都可以吃醋栗，但一次不能食用过量，否则易消化不良。

食 推荐食谱

醋栗马提尼

原料：

琴酒 50 毫升，苦艾酒 10 毫升，醋栗果酱 10 克，醋栗适量

做法：

❶ 把琴酒和苦艾酒混合冰块倒进摇杯中摇晃均匀。

❷ 将调好的酒倒进鸡尾酒杯中，倒入醋栗果酱，拌匀。

❸ 最后用醋栗果实点缀即可。

品种群

TOP ❶ 红醋栗

红醋栗是醋栗科、茶藨子属、茶藨亚属小灌木，株高 1~15 米，果实成串着生在果枝上，红色，故名红醋栗。

TOP ❷ 黑穗醋栗

黑穗醋栗即黑茶藨子，别称茶藨子等。落叶直立灌木，高 1~2 米；小枝暗灰色或灰褐色，幼枝褐色或棕褐色，具疏密不等的短柔毛；芽长卵圆形或椭圆形，具数枚黄褐色或棕色鳞片。

TOP ❸ 坠玉

坠玉原产于美国。其以果实长梗悬坠于枝条如颗颗玉珠而得名。果实圆球形，直径 1.5~2 厘米，平均单果重 3.2 克，近成熟时黄绿色，充分成熟后为紫红色，果面光亮半透明。果皮薄，果肉软而汁较多，风味甜酸。

浆 果类

火龙果

学名：Hylocereus undulatus Britt
分类：仙人掌科量天尺属
原产地：中美洲热带

美味的红色火球

火龙果又称红龙果、龙珠果、仙蜜果、玉龙果，营养丰富、功能独特。它含有一般植物少有的植物性白蛋白以及花青素，还有丰富的维生素和水溶性膳食纤维。

果：呈椭圆形，直径10~12厘米，外观为红色或黄色，具有黑色种子。

味：火龙果属于凉性水果，味甜，多汁。

营 营养与功效

火龙果性平味甘，主要营养成分有蛋白质、膳食纤维、维生素 B_2、维生素 B_3、维生素C、铁、磷、钙、镁、钾等。花、茎及嫩芽更有如其近亲（芦荟）之各种功效糖分，以葡萄糖为主。

选 选购妙招

火龙果的表面越红，说明火龙果熟的越好。绿色的部分要鲜亮，枯黄了说明火龙果不新鲜。挑火龙果要选胖乎乎的、短一些的，不要选瘦而长的，那样的不甜、水分少，不好吃。

储 储存方法

火龙果买回来后用袋子包装好，放在篮子里，置于阴凉通风处存放。或用袋子包好放在冰箱冷藏。保存时间不宜过长，应尽快吃掉。一般别超过1个星期。

盛产期：6~11月

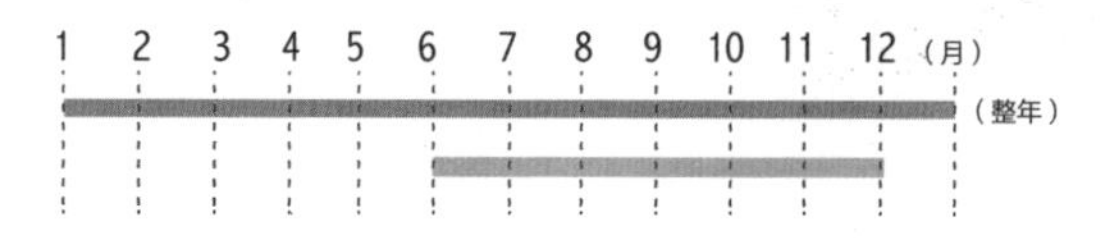

国产・输入

烹烹饪技巧

① 火龙果宜直接生吃，也可以蘸白糖或蜂蜜食用。

② 吃火龙果时，可以用小刀刮下内层的紫色果皮生吃，也可凉拌，或榨汁加点砂糖，冷藏后风味更佳。

食用宜忌

火龙果不宜与牛奶同食。糖尿病人、女性体质虚冷者、寒性体质者不宜多食；女性在月经期间也不宜食用。

食推荐食谱

火龙果汁

原料：

火龙果 2 个，冰水 20 毫升

做法：

❶ 火龙果剥皮，切小块。

❷ 将火龙果放进榨汁机。

❸ 加冰水榨成汁即可。

❹ 倒入杯里，加入冰块或冰镇更好喝。

品种群

TOP❶ 黄龙果

黄龙果是火龙果品种群中极为珍贵的品种群，其果皮果肉色泽为黄皮白肉，未熟果为绿色，果皮上有长而尖的利刺，全熟后细刺会脱落。果实糖分贮存充足，果肉细致无比，甜度皆在 18% 以上，略带香味，为火龙果中之极品。

TOP❷ 红龙果

果实圆球形或长圆球，皮鲜红，有鳞片，紫红色，一般单个重量在 300~700 克。高温期成熟的果生长期短，单果重较小；下半年结的果生长期长，开花后 40~50 天成熟。肉色呈紫红色，果香味浓重，软滑细腻多汁。

TOP❸ 玉龙果

果实长圆形或卵圆形，表皮红色，肉质，具卵状而顶端急尖的鳞片。果长 10~12 厘米，果皮厚，有蜡质。果肉白色，有很多具香味的芝麻状籽粒，故又称为“芝麻果”。

品种群

TOP❹ 黑龙果

枝条刺少，生长快速，自花受粉，花和果实呈黑色状，成熟后转暗红，果皮薄、光滑，皮上鳞片少而短，耐装运。

TOP❺ 巨龙果

这个品种群的枝条粗大，表皮布满粉状物，生长快速，果实超大，平均重达750克以上。

TOP❻ 长龙果

果实长圆筒形，上有肉质叶状绿色鳞片，鳞片边缘紫红色。平均单果重460克，果实成熟时，果皮鲜红有光泽，果肉紫红色，内有黑芝麻状细小籽粒。果肉细腻多汁，果皮薄易剥离。

TOP❼ 紫水晶

这个新品种群的花是橙红色的，果型美观，口感很爽，甜度达到20度以上，为目前最香甜的红肉品种群。

TOP❽ 红水晶

红皮红肉型，枝条有粉状物，耐寒，能提早开花，果呈圆形，肉呈水晶红色。

TOP❾ 白水晶

红皮白肉型，枝条粗壮，生长速度快，极耐寒，能自花受粉，果型大，单果重达1000克，产量高，果肉呈水晶白色。

TOP❿ 红绣球

红绣球果实近圆形，平均果重530克，最大重1320克。果皮鲜红色，极其靓丽有光泽，似红绣球而得名。果肉细腻多汁，果肉里外一样甜。果实较圆，上面的肉质叶状鳞片细小翻卷，较美观。

TOP⓫ 黄金麒麟

特点是枝条纤细，能自花受粉，果皮金黄色，果型较小，是目前市场上少有的新品种群。

Chapter 2

柑橘类

柑橘类水果是芸香科植物，种类很多，有柑橘、橙橘、蜜橘、金橘、柳丁、香吉士、橘子、庐柑、柠檬、葡萄柚、文旦等。橘内含有多种营养成分，如葡萄糖、果糖、蔗糖、果酸、枸橼酸、维生素 C、醇、柠檬醛、维生素和钙、磷、铁等多种营养物质。

橘子

学名：Citrus reticulata
分类：芸香科柑橘属
原产地：中国

饱满多汁的“中国苹果”

橘子果实外皮肥厚，内藏瓤瓣，由汁胞和种子构成。橘子色彩鲜艳、酸甜可口，是秋冬季常见的美味佳果。橘子原产地是中国，由阿拉伯人传遍欧亚大陆，至今在荷兰、德国都还被称为“中国苹果”。

果：橘的果形扁圆，红或黄色，皮薄而光滑易剥，味微甘酸。

色：橘子颜色鲜艳，酸甜可口，是人们生活中最常见的水果之一，果皮可入药。

营 营养与功效

橘子富含维生素 C 与柠檬酸，前者具有美容作用，后者则具有消除疲劳的作用；可以促进大小便排泄，降低血液中的胆固醇含量；含橘皮苷，可以加强毛细血管的韧性，降血压，扩张心脏的冠状动脉，预防冠心病和动脉硬化；可抑制和阻断癌细胞的生长，阻止致癌物对细胞核的损害。

盛产期：10 月 ~ 次年 3 月

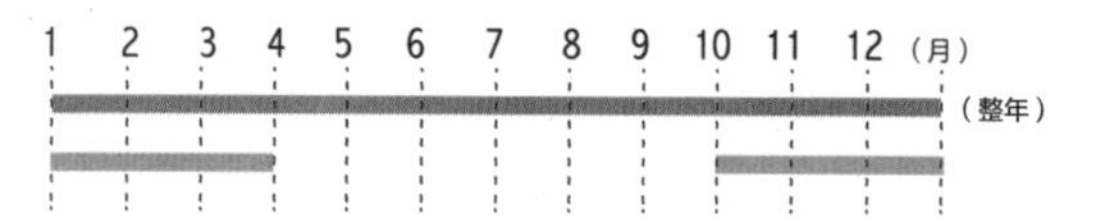

国产 · 输入

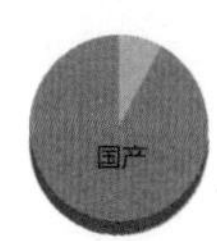

选 选购妙招

在挑选橘子的时候，橘脐呈O形的大多数甜，呈点状的大多数酸。

储 储存方法

可将鲜果挑去坏果，将皮擦净后，放置在阴凉通风处存放。

烹 烹饪技巧

① 橘子虽然好，但还是不宜多吃，吃完应及时刷牙漱口，以免对牙齿、口腔造成伤害。

② 熬粥时，放入几片橘子皮，吃起来芳香爽口，还可起到开胃作用。

③ 烧肉或排骨时，加入几片橘子皮，味道既鲜美，又不会感到油腻。

④ 将橘皮烘干压成粉末，装进玻璃瓶里备用，在炒菜、做汤、蒸馒头时，添加少量橘皮粉可调味。

食用宜忌

一天吃橘子最好不要超过3个，易引起尿结石、肾结石，并对口腔和牙齿有害。橘子与萝卜、牛奶不同同食；空腹不宜吃橘子；老年人也不宜多吃。

食 推荐食谱

自制橘子罐头

原料：

新鲜橘子1000克，水400毫升，冰糖适量

做法：

❶ 把橘子剥开，分开橘瓣，用手把白丝轻轻刮干净。

❷ 为了在煮制后吃起来不那么苦，用小剪子把橘瓣的橘衣小心剪开，用手轻轻剥离。

❸ 把水倒在锅中煮沸，根据个人口味放入冰糖。

❹ 待冰糖溶化，再放入没有了橘衣的橘瓣，煮1分钟。

❺ 盛在玻璃密封罐中保存即可。

品种群

TOP ❶ 蜜橘

柑橘的一种，味道极甜，故称。果扁球体，径 5~7 厘米，有橙红色和橙黄色，果皮与果瓣易剥离，果心中空。

TOP ❷ 沙糖橘

又名十月橘。其味甜如糖，是德庆、广宁等地的传统土特产。果实扁圆形，顶部有瘤状凸起，蒂脐端凹陷，色泽橙黄，果皮薄，易剥离。果肉爽脆、汁多、化渣，味清甜，吃后沁心润喉，耐人寻味。

TOP ❸ 金钱橘

金钱橘又名金橘、京橘，是贵州省的地方传统名果，栽培已有 350 多年的历史。金钱橘果实较小，有圆球形、饼子形、扁圆形等。果色有橘红、橙红、朱红几种。果皮油胞较明显，有纯正的芳香气味。

TOP ❹ 朱砂橘

常绿灌木或小乔木。叶椭圆形，两端稍尖。果扁圆形或圆形，高 3.5~3.8 厘米，宽约 4.5 厘米，顶端稍凹入。果皮粗糙，朱红色，味甜。植株可供观赏。

TOP ❺ 红橘

红橘又常称川橘、福橘，原产我国，主产于四川、福建。果实扁圆形，中等大，果皮薄，色泽鲜红，有光泽，皮易剥，富含橘络。肉质细嫩、多汁、化渣，甜酸可口。果实 11 月下旬至 12 月成熟。

TOP ❻ 温州橘

果实扁圆形，单果重 90~100 克，橙红色，横径约 6 厘米，果面油胞凸出，果皮薄。果实皮色鲜艳，清甜多汁，果实中等大，含糖量中等。

TOP ❼ 春甜橘

是广东省紫金县特产。该品种品质优良，果色金黄、光泽性好、皮薄、肉质爽脆、化渣、核少、酸甜度适中、味清甜、含糖低、含丰富的矿物质，素有“岭南第一橘”、“橘中之王”美誉。

TOP ❽ 早熟宫川

又称临海宫川，果实较大，单果重 120~140 克。果高扁圆形，果基隆起较明显，果顶较宽大，橙黄色或橙红色，光滑而有光泽。果肉风味浓，甜而微酸，囊壁薄，易化渣，无核，品质上乘。

柠檬

学名：Citrus limon (L.) Burm. f.
分类：芸香科柑橘属
原产地：东南亚

清香的“柠檬酸仓库”

柠檬又称柠果、洋柠檬、益母果等。小乔木，枝少刺或近于无刺，嫩叶及花芽暗紫红色，叶片厚纸质，卵形或椭圆形。单花腋生或少花簇生。柠檬产于中国长江以南，原产于东南亚，主产地为美国、意大利、西班牙和希腊。

营 营养与功效

柠檬含丰富的柠檬酸，因此被誉为“柠檬酸仓库”；富含维生素C，能化痰止咳、生津健胃；可用于支气管炎、百日咳、食欲不振、维生素缺乏、中暑烦渴等症状，是“坏血病”的克星。

选 选购妙招

选购柠檬一定要选手感硬实，表皮看起来紧绷绷、很亮丽，掂一掂分量很够的。这种发育良好的果实，才会芳香多汁，又不致酸度吓人。

储 储存方法

完整的柠檬在常温下可以保存1个月左右。切开后一次吃不完的柠檬，可以切片放在蜂蜜中腌渍，日后拿出来泡水喝。也可切片放在冰糖或白糖中腌渍，也可用来泡水喝。

盛产期：7~11月

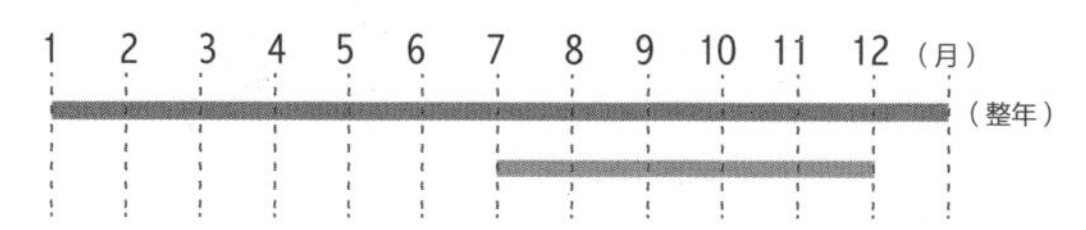

国产 · 输入

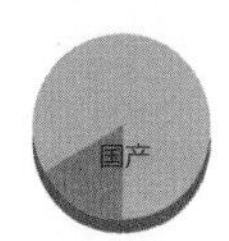

烹饪技巧

①柠檬太酸不适合鲜食，可以用来配菜、榨汁。

②柠檬富有香气，能解除肉类、水产的腥膻之气，并能使肉质更加细嫩。

③柠檬果汁是一种鲜美爽口的饮料。

食用宜忌

柠檬水不要用塑料瓶盛，酸性有腐蚀性。最好是用60~80℃的温热水泡。

推荐食谱

柠檬汁

原料：

柠檬100克，蜂蜜适量

做法：

❶ 处理好的柠檬对半切开，切成小块，待用。
❷ 将柠檬块倒入榨汁杯中，注入适量清水。
❸ 再将榨汁杯装入榨汁机内，开始榨汁。
❹ 待榨汁完成，取下榨汁杯，滤去渣。
❺ 舀出适量柠檬汁装入杯中。
❻ 倒入适量热开水冲泡，淋上蜂蜜即可。

品种群

TOP ❶

尤力克柠檬

原产于美国。果实椭圆形至倒卵形，两头有明显乳凸，其果色鲜艳，油胞凸出，出油量高，汁多肉脆，是鲜食和加工的首选品种，品质上等。

TOP ❷

里斯本柠檬

里斯本柠檬原产于葡萄牙，果顶乳凸大而明显，果色淡黄，里面较光滑。果肉汁多味酸，香气浓，种子常退化，少核。

TOP ❸

维尔拉柠檬

西班牙晚熟品种群，少刺，果大，少核，椭圆形。果面黄色，果皮质地粗糙，果肉细嫩。春花果的果皮中等至厚，而夏花果及秋花果的果皮较薄。

TOP ❹

印度大果柠檬

柠檬和圆佛手瓜的杂交种，果实椭圆形至圆形，果面光滑、皮薄，平均单果重108克，种子数6粒左右，熟期为9~10月，成熟时色泽为黄绿色。

TOP ❺ 热那亚柠檬

起源于印度热那亚地区，全年均可结果，果皮光滑且薄，果形与尤力克相比更圆，果颈更短，柠檬酸含量、出汁率、果皮厚度与尤力克相当。

TOP ❻ 维拉法兰卡柠檬

原产于意大利西西里岛。一年四季均能结果，果实椭圆形，少核。果顶部乳凸明显，果皮浅黄色，较光滑。果肉柔软多汁，香气浓，品质佳。

TOP ❼ 费米耐劳柠檬

意大利主栽品种群，果实中等大小，果形椭圆形或有长短不等的短颈的椭圆形。果皮厚，表面油胞下陷，成熟时果色呈黄色，少核至无核，多汁，高酸。

TOP ❽ 菲诺柠檬

起源于西班牙，澳大利亚主栽品种群。丰产，果实大小适中，球形或椭圆形，色泽呈浅黄色至黄色，皮薄且光滑，高酸，种子数 5 粒左右。

TOP ❾ 塔西提柠檬

又名白柠檬，一年四季开花，四季结果，其果呈椭圆形，果实较小，一般个重 40~80 克。皮色金黄，果皮细胞分布均匀，其油芳香。果肉呈无色透明状，无核。

TOP ❿ 莱蒙

莱蒙是柠檬中的一个品种群，原产地美国，目前我国四川省大英县和云南省瑞丽市是主要的种植基地。其果实呈椭圆形，果型美，一般个重 40~80 克，成熟之后果皮会呈黄绿色，其内部是酸味的黄绿色果肉。果皮薄，油胞分布均匀，其油芳香。

TOP ⓫ 国产小青柠

个体较小，颜色呈绿色，味道酸甜。

柚子

金秋时节柚子飘香

柚子产于我国福建、江西、广东等南方地区，清香、酸甜、凉润，营养丰富，药用价值很高，是人们喜食的水果之一，也是医学界公认最具食疗效益的水果。柚子外形浑圆，象征团圆之意，因此也是中秋节的应景水果。

学名：Citrus maxima (Burm) Merr
分类：芸香科柑橘属
原产地：中国、印度、马来西亚一带

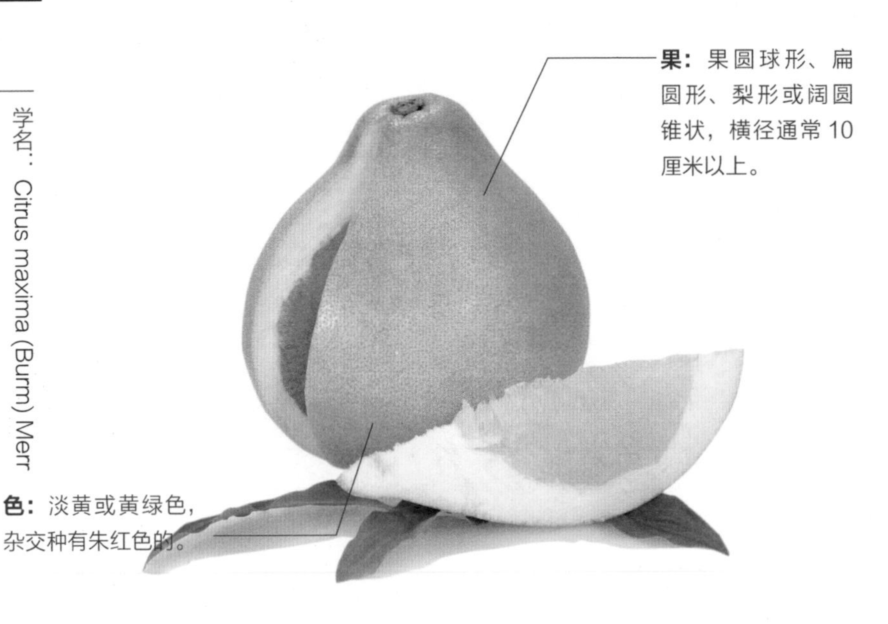

营 营养与功效

柚肉中含有非常丰富的维生素C以及类胰岛素等成分，故有降血糖、降血脂、减肥、美肤养容等功效。它对高血压、糖尿病、血管硬化等疾病有辅助治疗作用，对肥胖者有健体养颜功能。

选 选购妙招

柚子果形以果蒂部呈短颈状的葫芦形或梨形为好，果面油胞有较细小、光滑的果，多数为皮薄、肉清甜脆口的。品质优良的柚子，果面可略闻到香甜气味；轻捏果实，应稍有软感且有弹性。

储 储存方法

柚子存放应最好处于通风处，温度最好在10℃以上。最好不要沾水，千万不要让酒沾到柚子，一沾到酒很快就会烂的。可放冰箱，把剥好的柚子再用皮裹起来存放，可保持鲜甜和水分。

盛产期：9~12月

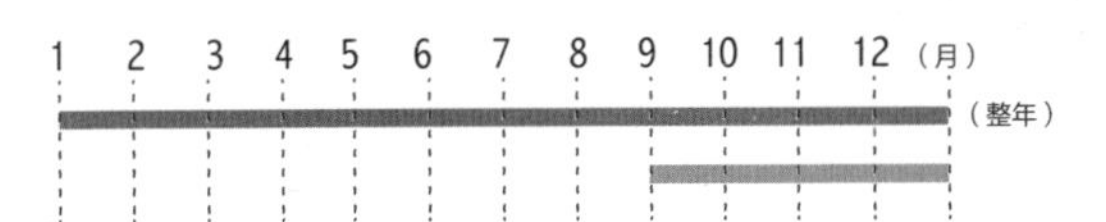

国产 · 输入

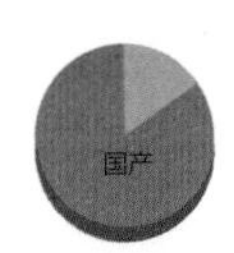

烹 烹饪技巧

① 刚买回柚子就吃，可能感觉水分比较少，甚至很酸，那是因为还没有充分糖化。把柚子上套的塑料袋都取下来，约 1 周后再吃，会感觉水分明显增多。

② 太苦的柚子不宜吃。

食用宜忌

柚子不可和螃蟹同食，否则会刺激肠胃；也不可与胡萝卜、黄瓜、猪肝同食，否则破坏维生素 C。

食 推荐食谱

蜂蜜柚子茶

原料：

柚子皮 100 克，水发枸杞 10 克，冰糖 60 克，蜂蜜 30 克

做法：

❶ 砂锅中放入泡枸杞的水，再倒入适量清水。
❷ 倒入柚子皮丝、冰糖搅匀，大火煮开后小火煮 10 分钟。
❸ 掀开锅盖，倒入枸杞，小火续煮 2 分钟至析出药性。
❹ 淋入蜂蜜，关火后将煮好的柚子茶装罐中，放凉。
❺ 盖上盖，密封 2 天即可食用。

品种群

TOP ❶ 沙田柚

沙田柚在国内种植时间最早，位列四大名柚之首。果实梨形或葫芦形，个头不大，单果重 500~1500 克，果肉脆嫩爽口，白色或虾肉色，风味浓甜，品质上等。

TOP ❷ 文旦柚

原产于浙江省玉环县。生长势强，果大，单果重 1250~2000 克，肉质脆嫩，有香气。无核或少核，品质优。文旦柚有扁圆锥形和高圆锥形两个类型。前者丰产，但裂果较重；后者果实中心柱小，几乎不裂果。果大色艳，有香气。

TOP ❸ 坪山柚

坪山柚是全国四大名柚之一，柚果倒卵形，果大，单果重 1~1.5 千克。果皮黄色，粗糙；中果皮淡红色，皮较厚；果瓤肾状形，15~16 瓣，浅红色。肉质脆，汁多，味甜少酸，营养丰富，维生素 C 含量高，品质上等，耐贮藏。

品种群

TOP ❹ 四季柚

四季柚形美色艳，外皮淡青色且薄，瓤瓣淡红色，核细肉丰，粒粒大麦形的砂瓤晶莹剔透，赏心悦目，入口一尝，脆嫩无渣，柔软多汁，甜酸适度，清香满口，素有“柚中佳品”的美誉。除鲜食外，还可制成果汁、果酱、果酒和水果罐头等食品。

TOP ❺ 梁山柚

亦名“梁平柚”，因其以平顶型品质最优，发展面积最大，故又名“梁山平顶柚”。果实硕大，芳香浓郁，汁多味甜，营养丰富，被称为“天然水果罐头”。 果形美观，色泽金黄，皮薄光滑，果皮芳香浓郁，易剥离。果肉淡黄晶莹，香甜滋润，细嫩化渣，汁多味浓，营养丰富。

TOP ❻ 江永香柚

该品种群植株生长强健，果实未熟时为白黄色，成熟后为淡黄色，敛边缘微带绿色，尤其果蒂部特别明显。果蒂微凸，果尖尖形，果皮有时微带皱纹，果形纺锤形。品质未达成熟时带微酸及涩味，外观较佳，为肉色。

TOP ❼ 琯溪蜜柚

琯溪蜜柚果大，个体重达 1500~2000 克，长卵形或梨形。果面为淡黄色，皮薄。果肉质地柔软，汁多化渣，酸甜适中，种子少或无。适应性强，高产，商品性佳，可谓柚中之冠。

TOP ❽ 红肉蜜柚

红肉蜜柚果形倒卵圆形，果重 1200~2350 克。皮色黄绿色。果肩圆尖，偏斜一边。果顶广平，微凹，环状圆印不够明显、完整。果面因油胞较凸，手感较粗。皮薄，囊瓣数 13~17 瓣，有裂瓣现象，裂瓣率 54%，囊皮粉红色，果肉为淡紫红色。汁胞红色，果汁丰富，风味酸甜。

TOP ❾ 胡柚

胡柚果实美观，呈梨形、圆球形或扁球形，色泽金黄。单果重 300 克左右，皮厚约 0.6 厘米，可食率约 70%。其内质饱满，脆嫩多汁，酸甜适度，甘中微苦，鲜爽可口，是老少皆宜的集营养、美容、延年益寿于一体的纯天然保健食品。

橙子

学名：Citrus sinensis
分类：芸香科柑橘属
原产地：东南亚

满满的都是维生素 C

橙子是芸香科柑橘属植物橙树的果实，亦称为黄果、柑子、金环、柳丁。橙子是一种柑果，是柚子与橘子的杂交品种群。橙子起源于东南亚，属小乔木。果实可以剥皮鲜食其果肉，果肉可以用作其他食物的调料或附加物。

味：果肉淡黄白色，味甚酸，常有苦味或异味。

营 营养与功效

橙子含有大量维生素 C 和胡萝卜素，可以抑制致癌物质的形成；还能软化和保护血管，促进血液循环，降低胆固醇和血脂；经常食用橙子，对预防胆囊疾病有效，可降低患心脏病的可能。

选 选购妙招

选购质佳的橙子，并不一定要又圆又大，以中等大小、香浓而皮薄的为佳；感觉沉重，颜色佳、富光泽。橙的脐窝部分不要太大，富有水果芳香者为佳。

储 储存方法

放在阴凉通风处，可保存半个月，但不要堆在一起存放。

盛产期：3~11 月份

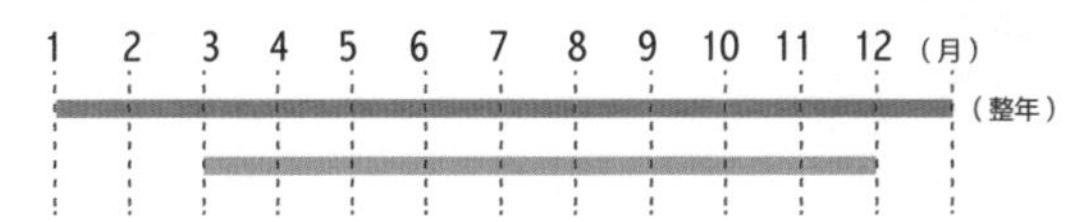

国产 · 输入

烹 烹饪技巧

① 橙子剥皮前，先用手按住，在桌子上揉，橙子皮会容易剥掉。

② 冬天的时候，可以把橙子放到暖气片上烤一会，温热后就比较好剥皮了。

食用宜忌

一般人群均可食用，尤适宜胸膈满闷、恶心欲吐者，饮酒过多、宿醉未醒者。

食 推荐食谱

夏日冰镇消暑沙拉

原料：

去皮猕猴桃 100 克，西瓜 100 克，去皮橙子 100 克，酸奶 100 克

做法：

❶ 橙子切小块，西瓜瓤切小块，猕猴桃切小块。

❷ 取一碗，倒入西瓜块、橙子块、猕猴桃块。

❸ 倒入酸奶搅拌均匀，封上保鲜膜。

❹ 放入冰箱冷藏 30 分钟。

❺ 取出冰镇好的沙拉，撕开保鲜膜，装入橙子盅即可。

品种群

TOP ❶ 脐橙

特征为果顶有脐，即有一个发育不全的小果实包埋于果实顶部。无核，肉脆嫩，味浓甜，略酸，剥皮与分瓣均较容易。果型大，成熟早，主要供鲜食用，为国际贸易中的重要良种。

TOP ❷ 血橙

血橙是橙的变种，带有深红似血颜色的果肉与汁液。这个品种较寻常的橙还要小，表皮通常有小凹点，但也有平滑的。新鲜的血橙是红色或橙色，有明亮的红色条纹，并且香甜多汁，有一种芬芳的香气，果形略呈椭圆形。

TOP ❸ 红玉血橙

又名路比血橙、红花橙、红宝橙。果实扁圆或球形，大小中等，单果重 130~140 克，果皮光滑，成熟后呈深红色，并带紫红色斑纹，果皮脆嫩，较薄，汁胞柔软，充分成熟经贮藏后呈血红色，汁液丰富，酸甜适中，具玫瑰香。

TOP ❹ 普通甜橙

果一般为圆形，橙色，果顶无脐，或间有圈印，是甜橙中数量最多的种类。

TOP ❺ 冰糖橙

果实近圆形，橙红色，果皮光滑。单果重150~170克，味浓甜带清香，少核，3~4粒。11月上、中旬成熟，果实较耐贮藏。冰糖橙品质好，味浓甜，也较耐寒。

TOP ❻ 锦橙

又称鹅蛋橙，果实长椭圆形，形如鹅蛋，故名。果大，单果平均重170克左右，果皮橙红色或深橙色，有光泽，较光滑，中等厚。肉质细嫩化渣，甜酸适中，味浓汁多，微具香气，种子平均6粒左右。

TOP ❼ 香水橙

又名叶橙、水橙、酸橙。中等大，单果重150~200克，果皮稍厚，橙色或深橙色。汁胞柔嫩、多汁，酸甜适度。可鲜食，也可加工果汁，果汁淡黄色，组织均匀。11月下旬至12月上旬成熟，留至春节前采收，品质佳。

TOP ❽ 柳橙

果实长圆形或卵圆形，较小，单果重110克左右。果顶圆，有大而明显的印环，蒂部平，果蒂微凹。果皮橙黄色或橙色，稍光滑或有明显的沟纹。果皮中厚，汁胞脆嫩汁少，风味浓甜，具浓香，品质较好，种子10粒左右。

TOP ❾ 新会橙

又名滑身仔、滑身橙。果实短椭圆形或圆球形，较小，单果重110克左右，果蒂部稍平，果顶部常有印圈，果皮橙黄色，光滑而薄。汁胞脆嫩少汁，味极甜，清香。

TOP ❿ 新奇士橙

起源于东南亚，是柚子与橘子的杂交品种群。球形或卵圆形果实，表面鲜艳光泽，果大形正，皮薄细嫩，肉质脆嫩化渣，浓甜芳香。不但甜度高，且含有大量的维生素C，营养价值高，被称为“疗疾佳果”。

TOP ⓫ 改良橙

又名漳州橙、红肉橙。果实球形，中等大或稍小，单果重140克左右，果顶部多数有明显环纹，果面橙色或深橙色，稍显粗糙。果肉有红、黄或红黄相间3种类型。

柑橘类

西柚

学名：Citrus paradisi
分类：芸香科柑橘属
原产地：中国

减肥必备低热量果实

西柚是一种水果，柚子类，果实红色的，味道好，又称“葡萄柚”，果皮淡黄色，果肉颜色与沙田柚子的肉色差不多，具有酸味和甘味。成熟时果皮呈黄色，果肉淡红白色。

营养与功效

葡萄柚中的维生素 C 含量极其丰富，能促进抗体生成，增强人体的解毒功能。其中的天然叶酸还能预防贫血、减少孕妇生育畸胎的几率。葡萄柚中含有的维生素 P 可以增强皮肤弹性、缩小毛孔。新鲜葡萄柚含热量低，是减重的良好水果之一。

盛产期：10~11 月

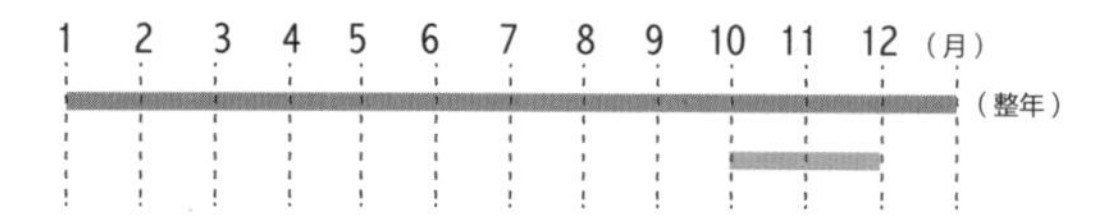

国产 · 输入

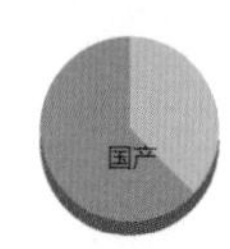

选 选购妙招

挑选西柚首先要掌握“不倒翁”的原则，上尖下宽是柚子的标准型，其中选扁圆形、颈短的柚子为好（底部是平面更佳）。这是因为颈长的柚子，囊肉少，显得皮多。

储 储存方法

切开的西柚在果肉那面贴上保鲜膜，然后放到冰箱内保鲜。未切开的置于阴凉处。

烹 烹饪技巧

① 剥开直接吃，就跟吃普通的柚子一样，不过味道有点酸、有点涩、有点苦。

② 榨汁加蜂蜜，好喝又营养，还可以加茶叶泡水，做柚子茶。

③ 切小块拌水果沙拉吃，美容又减肥。

食用宜忌

高血压患者不宜食用，因为一些常用的降血压药物可能与葡萄柚汁产生相互作用，引起不良反应。

食 推荐食谱

旋风黑白配

原料：

西柚适量，提子适量，奥利奥 40 克，酸奶 400 克

做法：

❶ 奥利奥取黑色的饼干部分压碎（但要保持松脆口感）。

❷ 酸奶装杯。

❸ 将奥利奥饼干碎撒一层在酸奶的上面。

❹ 提子沿着杯沿摆放一圈装饰。

❺ 西柚撕粒，均匀撒在上方即可。

柑橘类

柑子

学名：CitrusreticulataBanco
分类：芸香科柑橘属
原产地：中国

浑身是宝的蜜柑

柑子的植株是常绿小乔木或灌木，开白色小花。果实球形稍扁，果肉多汁，味道甜酸，有的微苦，果皮粗糙，成熟后橙黄色，也有绿色的。果皮、叶子、种子可入药。

果： 果扁球形，径5~7厘米，橙黄色或橙红色，果皮薄，易剥离。

味： 味道是纯粹的甜，甜得毫无杂质，并且渣不多。

营养与功效

蜜柑所含的维生素P能强化末梢血管组织，陈皮苷等也有降低毛细血管脆性的作用；富含维生素C，具有美容作用；含有丰富的果胶，可以减少血液中的胆固醇。

选购妙招

挑选果形端正的柑子。不要选择半边大小，有凸起或有凹陷等畸形的果子。

底部色基本转黄或橙红、鲜红，局部微带绿色。如果绿色超过果面50%，就不要购买。

储存方法

取凉水半盆，加小苏打2勺，搅匀，放入柑橘，浸泡10分钟左右后取出柑橘，放在通风处让柑橘的水自然蒸发，然后用保鲜膜包紧柑橘，要注意不要有空气在内，把柑橘放进冰箱。

盛产期：10月~次年3月

1 2 3 4 5 6 7 8 9 10 11 12（月）

（整年）

国产 · 输入

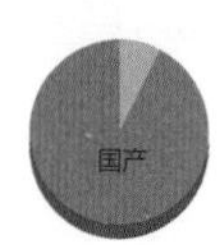

烹饪技巧

柑子不宜多吃，吃完应及时刷牙漱口，以免对口腔、牙齿有害。

食用宜忌

柑子特别适宜肠胃热、口干烦渴、醉酒、水肿者食用；但不适合胃、肠、肾、肺功能虚寒，久病痰寒者及老人。

推荐食谱

芝士柑子蜜

原料：

橙子1只，蜜柑1只，蜂蜜少量，橄榄油适量，菲达芝士适量

做法：

❶ 橙子去皮，切成小块，备用。
❷ 处理好的蜜柑肉切成小块，备用。
❸ 菲达芝士切成小块，备用。
❹ 切好的橙子、蜜柑、芝士装盘，倒适量橄榄油。
❺ 倒上少量蜂蜜，拌匀即可。

品种群

TOP ❶ 茶枝柑

又名新会柑、江门柑。柑果扁圆形或馒头形，表面橙黄色，有光泽，油点凹入，少数平生，基部平或隆起，上有浅放射沟4~8条，果皮易剥离，质松脆，白内层如棉絮状，有特异的香气。

TOP ❷ 瓯柑

柑果扁圆形或长圆形，先端微凹，基部有尖圆或截圆两种。果皮粗而皱襞，橙黄色，油腺多，果皮易剥离。橘络多，柔软，白色。瓤囊10瓣，中心柱小，充实。

TOP ❸ 蕉柑

又名桶柑、招柑，我国广东、福建、广西、台湾栽培较多。果实圆球形或扁圆形，单果重110克左右，大果可达300克，果色橙色或橙红。果肉柔软多汁。

TOP ❹ 芦柑

别名柑果。颜色鲜艳，酸甜可口，柑果实较大，但比柚小，圆形而稍扁，皮较厚，凸凹粗糙，果皮较易剥离，其种子大部分为白色。芦柑果实硕大，色泽鲜艳，肉质脆嫩，汁多化渣。

品种群

TOP ❺ 桶柑

是柑橘的一种，属于芸香科植物，早年由于农家将桶柑储藏于木桶中作运输，故称之为“桶柑”。果实球形，果小，皮橙红色，果肉紧密，甜味强，但产量较低，成熟期约在农历1~2月，又名年柑。

TOP ❻ 茂谷柑

果实扁圆形，果型整齐，果皮光滑，橙黄色，果形指数1.2左右，单果重150~200克，风味极佳。

TOP ❼ 贡柑

又称“皇帝柑”，是橙与橘的自然杂交种，具有橙与橘的双重优点，黄至橙红，皮薄多汁，果肉脆嫩，爽口化渣，清甜低酸，风味非常独特，广受消费者欢迎。

TOP ❽ 椪柑

常绿灌木。茎高3~4米，叶椭圆形，开白花，果实橙黄色。

TOP ❾ 椪柑

又名白橘、勐版橘、梅柑，椪柑分硬芦和有芦。硬芦因果顶部有数条放射状沟纹而又称八卦芦，果实扁圆或高扁圆形；有芦，果顶部一般无放射状沟纹，果实扁圆形。单果重125~150克，果面橙黄色或橙色，果皮稍厚，易剥；果肉脆嫩多汁，甜浓爽口。

TOP ❿ 青皮椪柑

宽皮柑类，海拔350~450米处最适合生长。果皮会因成熟期气候因素，以致叶绿素无法顺利分解，所以10月初采收的椪柑果皮仍为绿色，此时的椪柑被称做青皮椪柑。虽然果皮为绿色，但不影响其本身特有风味，已具有甜度，拥有独特的椪柑风味，甘甜中略带微酸。

Chapter 3

核果类

核果是果实的一种类型，属于单果，由一个心皮发育而成的肉质果；一般内果皮木质化形成核；常见于蔷薇科、鼠李科等类群植物中。

典型的核果，外果皮膜质，称果皮；中果皮肉质，称果肉；内果皮由石细胞组成，坚硬，称核，核内为种子。

李子

学名：Prunus salicina Lindl.
分类：蔷薇科李属
原产地：中国

抗衰老的“超级水果”

李子别名嘉庆子、布霖、玉皇李、山李子，世界各地广泛栽培。它既可鲜食，又可以制成罐头、果脯，供全年食用。李子中含有多种营养成分，抗氧化剂含量高得惊人，堪称是抗衰老、防疾病的“超级水果”。

果：果实黄色或红色，有时为绿色或紫色，梗凹陷入，顶端微尖，基部有纵沟，外被蜡粉。

味：其果实 7~8 月间成熟，饱满圆润，玲珑剔透，形态美艳，口味甘甜。

营 营养与功效

具有补中益气、养阴生津、润肠通便的功效，尤其适用于气血两亏、面黄肌瘦、心悸气短、便秘、闭经、瘀血肿痛等症状的人多食。

选 选购妙招

好的李子应该是小而圆，表面光滑。奇形怪状的、表面粗糙严重的不能要。颜色选果皮光亮、半青半红的较好。果肉结实、软硬适中的，是比较好的李子。

储 储存方法

可放入冰箱冷藏 1 周。

盛产期：7~8 月

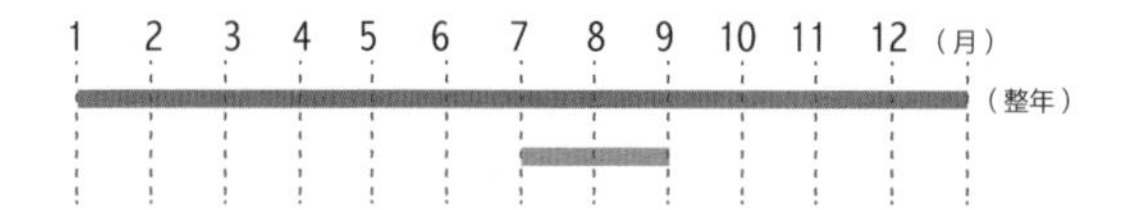

国产 · 输入

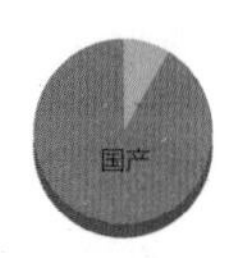

烹 烹饪技巧

① 未熟透的李子不要吃。

② 切忌过量食用李子，否则易引起虚热脑胀，损伤脾胃。

③ 李子宜与冰糖炖食，可以润喉开音。

食用宜忌

未熟透的李子不要吃。切忌过量多食，易引起虚热脑胀、损伤脾胃。

食 推荐食谱

梨子李子蜂蜜汁

原料：

梨子 1 个，梨子 4 个，蜂蜜少许

做法：

❶ 梨子洗净，去皮、去柄、去心，切成小块；李子洗净，对切成两半，去掉果核。

❷ 将切好的梨子和李子放入榨汁机中搅打成汁，倒入杯里，淋入蜂蜜，搅匀即可。

品种群

TOP ❶ 胭脂李

武宣县名优特色水果，因李子彻底成熟之后汁水多、皮质松脆，红得像渗入了一层好看的胭脂而得名。个大匀称、肉质鲜红、汁多果甜、脆而爽口、口感特佳是该品种群的主要特点。

TOP ❷ 珍珠李

果实近圆形至扁圆形，缝合线深凹下陷；果皮稍厚，耐贮运，皮色深紫红色，果粉厚，灰白色。果肉淡黄至橙黄色，肉质爽脆，较细腻。

TOP ❸ 衡山白糖李

白糖李是湖南省衡山县的传统名贵水果品种群。果实呈扁圆形，色泽黄绿，皮坚韧，果肉紧致，为黄白色，果实中等大小，肉脆多汁，皮薄核小，果味清甜。

TOP ❹ 鸭池河酥李

鸭池河酥李果形微扁圆形，果顶平，顶点微凹。果皮淡黄色，皮薄，外披白色果粉，光滑。果肉厚实，淡黄色，味甜汁多，肉质致密，酥脆爽口，有清香味，微带苦涩。

品种群

TOP 5 沙子空心李

沙子空心李因果肉与核分离而得名，产于贵州省沿河土家族自治县沙子镇，是区域性特色水果。肉质紧脆，酸甜适度，品质上乘，营养丰富。

TOP 6 秀洲槜李

秀洲槜李果型大，果皮厚，易剥离，成熟时呈暗紫色如琥珀，果肉淡橙黄色，软熟后化浆，细嫩多汁，味鲜甜爽口，带有酒香，堪称“诸李之冠”。

TOP 7 脆红李

果实正圆形或近圆球形，果个较小。果皮紫红色，果肉黄色或偶带片状红色。缝合线正，缝沟浅，果点黄色，较密，大小均匀。果粉厚，灰白色，肉质脆，味甜，核小，离核。

TOP 8 秋红李

又名龙园秋李，是黑龙江省农科院培育而成的晚熟大果型李品种群。果实扁圆形，果梗粗短。果实底色黄色，果面鲜红或紫红，果粉厚。果肉黄色，硬肉，口味酸甜适口，充分成熟时有香味。

TOP 9 青脆李

以茂县出产的最为出名。核小而肉厚。成熟前为鲜青色，成熟后为略鲜青黄色，饱满圆润，玲珑剔透，形态美艳，口味甘甜，是人们喜爱的传统水果之一。它既可鲜食，又可以制成罐头、果脯，全年食用。

TOP 10 杏李

别名鸡血李、红李，气味独特芳香，果大早实，被誉为“21世纪水果新骄子”。核果扁球形，直径3~6厘米，红色，果肉淡黄色，有浓香味，粘核，核小，扁球形，有纵沟。

TOP 11 歪嘴李

果实近圆形，果型大，平均单果重50克，大者100克。果肩较平，缝合线浅，果顶圆或稍凸起，梗洼浅。果皮中厚，青黄色，果肉脆硬，绿黄色，酸甜适度，离核，核小，品质优。

TOP 12 秋姬李

是目前李子中果实最大的品种，平均单果重150克左右，最大可达300克以上。果面底色黄亮，成熟时鲜紫红色。果肉黄色致密，多汁，风味香甜，品质上乘。果实在8月成熟。离核，核极小。冷藏高技术条件下可贮存至元旦、春节。

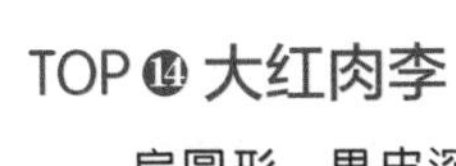

TOP ⑬ 红肉李

心脏形，果皮红色，果肉血红色，果粉明显，完全成熟的果实果肉呈紫色，酸度低，甜度高，脆度消失。可生食，也可制成水果酒(乌梅酒)、果酱等。

TOP ⑭ 大红肉李

扁圆形，果皮深红或深紫色，光滑，果肉红色，平均果重43克。

TOP ⑮ 杏菜李

扁圆形，果皮红色，果肉黄色，果顶微凹，梗洼深，平均果重约9.3克，供生食及加工。

TOP ⑯ 桃接李

心形，果皮红色，光滑，果肉黄色，平均果重16.7克。

TOP ⑰ 黄柑李

圆形，果皮、果肉均为黄色，为优良鲜食品种群。

TOP ⑱ 金线李

又名鹅黄李。果实圆形，单果重约40克，最大60克，果顶圆，缝合线红色，果皮黄，有红晕。果肉淡黄多汁，黏核，早熟，鲜食酸甜爽口。

TOP ⑲ 黑布林

黑布林其实就是黑李子，从美国、新西兰引进。果的颜色是紫黑色，又称为美国黑李、美国李。单果重约100克，果径约4厘米，颜色稍深，口感厚实甘甜，皮微酸。

TOP ⑳ 红布林

红布林是外皮深红色的李子，美国品种群，果皮深红色，单果重80~100克，9月上旬成熟。表皮较厚，水分和肉质与国产的李子相差无几，口感略酸，个头大一些。

桃

甜美的“仙桃”

桃原产于中国，各省区广泛栽培，世界各地均有栽植。果肉有白色和黄色，一般在亚洲最受欢迎的品种群多为白色果肉，多汁而甜；欧洲、澳大利亚和北美洲的人则喜欢黄色果肉、较酸的品种群。

学名：Amygdalus persica L
分类：蔷薇科桃属
原产地：中国

果：近球形核果，表面有毛茸，肉质可食，为橙黄色泛红色，直径 7.5 厘米，有带深麻点和沟纹的核，内含白色种子。

味：桃花可以观赏，果实多汁，可以生食或制桃脯、罐头等，核仁也可以食用。

营 营养与功效

桃的含铁量较高，是缺铁性贫血病人的理想辅助食物。桃含钾多，含钠少，尤其适合水肿病人食用。桃仁有活血化瘀、润肠通便的作用，可用于闭经、跌打损伤等的辅助治疗。中医认为，桃有补益气血、养阴生津的作用，可用于大病之后、气血亏虚、面黄肌瘦及心悸气短者的食疗和补养。

盛产期：4~8 月

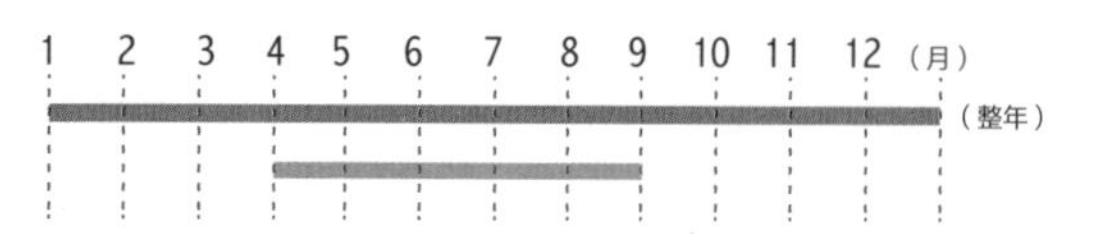

国产 · 输入

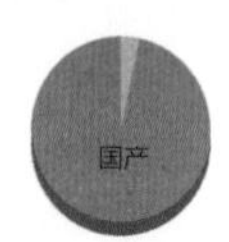

选 选购妙招

要选择颜色均匀、形状完好、表皮有细小茸毛（油桃除外）的果实。

储 储存方法

桃子若需在常温下保存，要放置于阴凉的通风处，但最好尽快吃掉，避免坏掉。

烹 烹饪技巧

① 桃可鲜食、作脯食，或煎汁饮汤食肉；可切小块，加水和冰糖熬制成果酱；也可与其他水果拌沙拉酱食用。

② 桃子可洗净后直接食用，一次不宜食用过多，1 个为宜。

③ 没有完全成熟的桃子最好不要吃，吃了会引起腹胀或腹泻。

食用宜忌

未熟的桃子不能吃，否则会腹胀或生疖痈；成熟的桃子也不能吃得太多，太多会令人生热上火；烂桃切不可食用；桃子忌与甲鱼同食；糖尿病患者应少食桃子。

食 推荐食谱

蜜桃雪糕

原料：

水蜜桃 600 克，淡奶油 250 克，鸡蛋黄 4 个，椰汁 100 毫升，牛奶 30 毫升，白糖 50 克

做法：

❶ 鸡蛋黄加白糖、牛奶搅匀，小火加热至蛋黄糊变浓稠。
❷ 水蜜桃肉放入搅拌机中，加椰汁打成蓉，与蛋黄糊拌匀。
❸ 淡奶油打发至黏稠，倒入蛋黄蜜桃糊中彻底拌均匀。
❹ 倒入容器中，放冰箱中冷冻，每隔 1 小时要取出彻底搅动，反复 3~4 次。
❺ 最后一次搅拌结束后将雪糕分装到小纸杯中冷冻保存。

品种群

TOP ❶ 水蜜桃

成熟的水蜜桃略呈球形，表面裹着一层细小的绒毛，青里泛白，白里透红。单个桃子一般重100~200克，大的重300多克。水蜜桃皮很薄，果肉丰富，宜于生食，入口滑润不留渣。

TOP ❷ 油桃

油桃因其表面光滑如油、无毛，与苹果、李子的表面一样光滑，故称。油桃的整个果面都呈鲜红色，风味浓甜，含糖高；香味浓郁，清香可口；肉质细脆，爽口异常。

TOP ❸ 蟠桃

以其形美、色艳、味佳、肉细、皮韧易剥、汁多甘厚、味浓香溢、入口即化等特点而驰名中外。蟠桃是较珍贵的水果之一，形状扁圆，顶部凹陷形成一个小窝，果皮呈深黄色，顶部有一片红晕，味甜汁多。

TOP ❹ 黄桃

黄肉桃俗称黄桃，属于桃类的一种，因肉为黄色而得名。 果皮、果肉均呈金黄色至橙黄色，肉质较紧致密而韧，粘核者多。

TOP ❺ 雪桃

又名红雪桃、中华冬桃，成熟后的果实呈扁圆形，有短尖角，果实缝合线两侧基本对称，果型端正，向阳面着有鲜艳的紫红色，背阳面为金黄色，果实红黄相间，十分美观。果肉细，口感脆甜，甜度大有超过冰糖之感。

TOP ❻ 毛桃

果球形或卵形，径5~7厘米，表面有短毛，白绿色，夏末成熟。熟果带粉红色，肉厚，多汁，气香，味甜或微甜酸。核扁心形，极硬。

TOP ❼ 肥桃

肥桃是我国桃类的珍品之一，因产于肥城而得名，又名佛桃。以其个大、味美、营养丰富在国内外享有盛名，被誉为“群桃之冠”。

TOP ❽ 简阳晚白桃

果实近圆球形，果形整齐，果实两半部对称，果顶微凹。果皮底色黄绿，有片状红晕，软溶质，近核处紫红色，粘核，果实风味浓郁，柔软多汁，化渣，富含香气，风味浓甜。

樱桃

学名：Cerasus pseudocerasus
分类：蔷薇科樱属
原产地：北美、澳洲、欧洲等地

晶莹的红玛瑙

樱桃是某些李属类植物的统称，包括樱桃亚属、酸樱桃亚属、桂樱亚属等。世界上樱桃主要分布在美国、加拿大、智利、澳洲、欧洲等地，中国主要产地有山东、安徽、江苏、浙江、河南、甘肃、陕西、四川等。

营 营养与功效

樱桃可以缓解贫血；可用于脾胃虚弱、少食腹泻、脾胃阴伤、口舌干燥、肝肾不足、腰膝酸软、四肢乏力、遗精、血虚、头晕心悸、面色不华，对面部雀斑等顽固性斑类可起淡化作用。

选 选购妙招

外观颜色深红或偏暗红色，果梗位置蒂的部位凹得厉害的樱桃通常比较甜。另外底部果梗色绿、表皮发亮的樱桃最健康，新鲜、好吃。

储 储存方法

一般可存放3~7天，甚至10天，但建议不宜过久存放。樱桃非常怕热，建议把樱桃放在零下1~3℃的冰箱里存放。

盛产期：5~10月

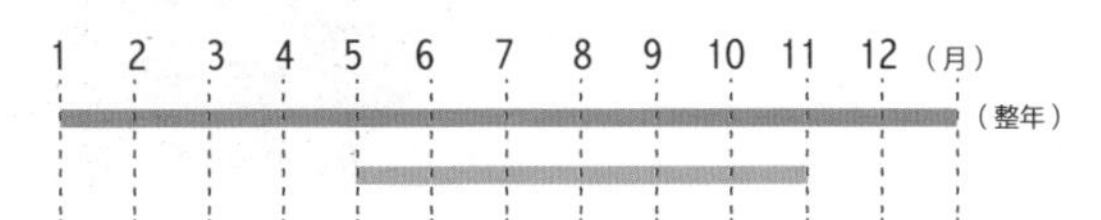

国产 · 输入

烹 烹饪技巧

樱桃和葡萄一样，是可以用来酿酒的。樱桃酒的颜色呈浅粉红色，酒香中散发出一阵淡淡的樱桃香，适合女性朋友饮用，有美容的效果。

食用宜忌

樱桃虽好，但不要多食用，因为它除了含铁多以外，还含有一定量的氰甙，食用过多会引起铁中毒或氰化物中毒。

食 推荐食谱

樱桃冰沙

原料：

樱桃 150 克，冰块适量

做法：

❶ 将樱桃洗净，去果柄，切开，去核。

❷ 将樱桃瓣和冰块放入冰沙机中，搅打成冰沙。

❸ 装入杯中，点缀上樱桃瓣即可。

品种群

TOP ❶ 红灯

平均果重 9.6 克，最大果重 11 克。果实肾形，果实黑色，鲜艳有光泽，肉厚，柔软多汁，味甜，耐贮运，6 月上旬成熟。

TOP ❷ 美国樱王

该品种原产于加拿大，是一种短枝、大果的鲜红大樱桃品种。该品种果硬脆，熟后可用刀切片，单果重 12 克，果个大小一致，果肉离核。

TOP ❸ 意大利早红

果实中大，单果重 8~10 克，最大 12 克。果柄较短，果形短鸡心形，果色紫红，果肉红色，细嫩，肉质厚，硬度中，果汁多，风味甜酸，品质上等。

TOP ❹ 抉择樱桃

平均果重 11 克，最大果重 15 克。果实近圆形，果实紫红色，果肉紫黑色，质细多汁，味甜，5 月中旬成熟。

TOP❺ 友谊樱桃

果实个大，平均单果重15克。果实紫色，果肉质细多汁，风味甜，丰产性好。

TOP❻ 极佳樱桃

平均果重6克，最大果重8克。果实近圆形，果实紫红色，果肉紫红，果肉硬质细多汁，酸甜可口，5月上中旬成熟。

TOP❼ 早红宝石

平均果重8克，果实同心形，果实紫红色，果肉紫色，质细多汁，酸甜适口，5月上旬成熟。

TOP❽ 大紫

又名大红袍、大红樱桃。心脏形至宽心脏形，果顶微下凹或几乎平圆，缝合线较明显。果皮初熟时为浅红色，成熟后紫红色，充分成熟时为紫色，有光泽。果皮较薄，易剥离。

TOP❾ 拉宾斯

加拿大品种群。果实大，单果重8克，大果12克。果形近圆形或卵圆形。果梗中长中粗。成熟时果皮紫红色，有诱人的光泽，果皮厚而韧。果肉浅红色，肥厚，果肉较硬，汁多，风味佳，品质上等。

TOP❿ 萨米脱

又名“皇帝”。果实特大，果形长心脏形，果个均匀艳丽，完熟时为紫红色，果皮上有稀疏的小果点。果肉红色，肉脆多汁，风味浓厚，品质佳。果柄短粗，不易落果。

TOP⓫ 雷尼

美国品种群。果实大型，平均单果重8克，最大果重达12克。果实宽心脏形，果皮底色为黄色，富鲜红色红晕，在光照好的部位可全面红色，十分艳丽美观。果肉白色，质地较硬，风味好，品质佳。离核，核小。

TOP⓬ 先锋

俗称早熟“先锋”，原产于加拿大。均果重8克，大果12克。果实大小均匀，果形为肾脏形，果皮橘红色，果肉硬而脆，味道极美。果梗较短，深绿。

核

果类

杨梅

学名：Myrica rubra (Lour.) S. et Zucc.

分类：杨梅科杨梅属小乔木或灌木植物

原产地：中国

又酸又甜的累累红果

杨梅又称圣生梅、白蒂梅、树梅，具有很高的药用和食用价值，原产于中国浙江余姚，在华东和湖南、广东、广西、贵州等地区均有分布。

营 营养与功效

杨梅含有果酸，既能开胃生津、消食解暑，又有阻止体内的糖向脂肪转化的功能，有助于减肥；含有B族维生素、维生素C，对防癌抗癌有积极作用；杨梅果仁中所含的氰氨类、脂肪油等成分也有抑制癌细胞的作用；对大肠杆菌、痢疾杆菌等细菌有抑制作用。

盛产期：5~6月

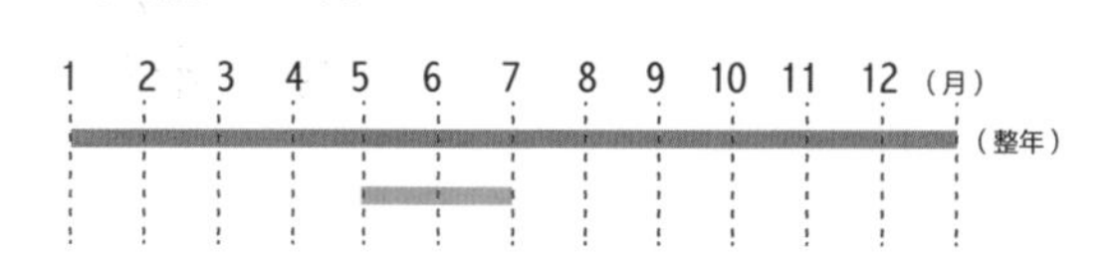

国产 · 输入

选 选购妙招

暗红色或者过于黑红的杨梅最好不要选购，青色、青红色的杨梅还未成熟，应当挑选果面干燥、颜色鲜红、软硬度适中、果肉凸起的杨梅。

储 储存方法

杨梅储存的要求较高，难保存，应尽快食用。可把杨梅分装到镂空的小篮子里，再把它们放到冰箱里。

食用宜忌

杨梅不能和黄瓜、萝卜、大葱、牛奶同食；咯血、胆囊炎和胆结石患者忌吃杨梅。

烹 烹饪技巧

① 食用杨梅后应及时漱口或刷牙，以免损坏牙齿。

② 食用时蘸少许盐，则更加鲜美可口。

食 推荐食谱

梦幻杨梅汁

原料：

杨梅 100 克，白糖 15 克

做法：

❶ 洗净的杨梅取果肉切小块。

❷ 取备好的榨汁机，倒入杨梅果肉。

❸ 加入少许白糖，注入适量纯净水，盖好盖子。

❹ 选择“榨汁”功能，榨取果汁。

❺ 断电后倒出杨梅汁，装入杯中即成。

品种群

TOP ❶ 荸荠种

产于浙江省，为当前我国分布最广、种植面积最大的品种群，也是当前国内最佳的鲜果兼加工优良品种群。每年的6月下旬成熟，果实紫黑色，果型较小，核小，但品质特佳，肉与核易分离。

TOP ❷ 早荠密梅

从荸荠种杨梅的实生变异中选出，明显早于一般杨梅的供应期，系早熟品种群。果实性状及品种群与荸荠种相似，紫红色，单果均重约9克。

TOP ❸ 晚稻杨梅

产于浙江省舟山皋泄。该品种群至今已有140余年的栽培历史。7月上旬成熟，为当前品质最佳的晚稻品种群之一。单果重12克，富含香气，是鲜食与加工的优良品种。

TOP ❹ 东魁

又名东岙大杨、巨梅，是国内外杨梅果型最大的品种群。7月上旬成熟。果色紫红，单果重24.7克，最大果重51.2克。甜酸适口，品质上等。产量高而稳定，适于鲜食。

TOP ❺ 丁岙梅

原产于温州茶山。6月下旬成熟，果实紫红色，果柄长，果蒂为绿色瘤状凸起，单果重15~18克，品质上等。

TOP ❻ 大叶细蒂

产于江苏洞庭东西山。果中大，均重13克，色紫红或紫黑色，肉质细而多汁，甜酸可口，品质优良。

TOP ❼ 大粒紫

产于福建福鼎前岐。果紫红色，中大，平均重12.9克，肉质软，味酸甜，呈青绿色。

TOP ❽ 光叶杨梅

产于湖南靖县，果大，球形，果顶有放射状沟，直达果实中部，呈光泽感，色紫红，品种群上等。

TOP ❾ 乌酥核

产于广东省汕头市潮阳区西胪镇。果大约重 16 克，紫黑色。肉厚，质松，汁多味甜，核小，品质优良。

TOP ❿ 早色

浙江萧山临浦实生优选良种。产地 6 月中旬成熟。果紫色，平均单果重 12.7 克，果肉致密，较脆，汁液多，品质上等。

TOP ⓫ 火炭梅

贵州的鲜食品种群。果实扁圆形，果形较大，单果重 11~15 克，最大 25 克，果实色泽鲜艳，品质好。

TOP ⓬ 安海硬丝

原产于福建安海，即安海变硬肉柱杨梅。果正圆球形，平均单果重约 15 克，果面紫黑色，肉柱圆钝，长而较粗，果蒂有青绿色瘤状凸起。口感较粗硬。极耐储运，是不可多得的适宜长途运输的品种。

TOP ⓭ 临海早大梅

为成熟期较早的大果形品种群，品质较佳。产地 6 月中旬成熟。单果重 15.7 克，最大果重 18.4 克，肉质较硬，较耐贮藏运输，果实采后存放一昼夜仍保持原来果色，是很有发展潜力的早熟品种。

核

果类

杏

味甜汁多的黄金果

杏，落叶乔木，地生，植株无毛。叶互生，阔卵形或圆卵形叶子，边缘有钝锯齿；近叶柄顶端有二腺体；淡红色花单生或 2~3 个同生，白色或微红色。花期 3~4 月，果期 6~7 月。中国各地多有栽培。

学名：Armeniaca vulgaris Lam.
分类：蔷薇科杏属
原产地：中国

果： 圆、长圆或扁圆形核果，果皮多为白色、黄色至黄红色，向阳部常具红晕和斑点。

味： 暗黄色果肉，味甜多汁；种仁多苦味或甜味。

营养与功效

杏内含较多糖、蛋白质以及钙、磷等矿物质，另含维生素 A 原、维生素 C 和 B 族维生素等，能起到防癌抗癌的作用，长吃还可延年益寿；杏仁还有止咳平喘、润肠通便、美容护肤的作用。

选购妙招

以果个大、色泽美、味甜汁多、纤维少、核小、有香味者为佳。未熟的果实酸味浓，甜味不足；过熟的果实肉质酥软，缺乏水分。

储存方法

放到干燥通风处，避免堆放，千万不要放到塑料袋里。如果放到保鲜袋里可以储存到冰箱冷藏室。

盛产期：7~8 月

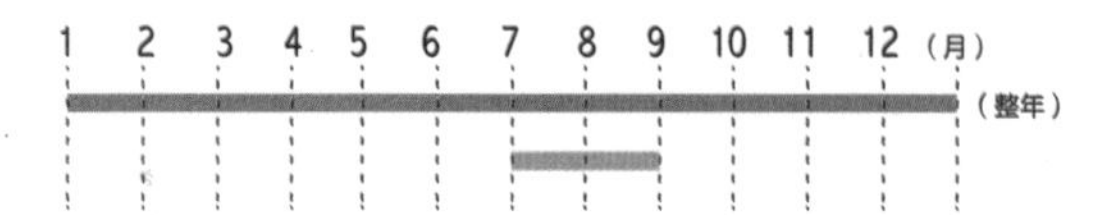

国产 · 输入

烹饪技巧

① 杏可鲜食或调制成鲜的水果食品，也可罐装在水、果汁、糖浆中，还可制成杏汁、杏酱、杏干。

② 洗净杏子，沥干水，取核出来，加糖腌 0.5~1 小时后再食用，味道更好。

食用宜忌

过量食用杏会伤及筋骨、影响视力。产妇、孕妇及孩童过量食用杏还极易长疮生疖。

推荐食谱

杏子果酱

原料：

杏 500 克，白糖 200 克，食盐 1 克，水适量

做法：

❶ 准备好杏子。

❷ 杏子掰开，去核，洗净后放入淡盐水中泡 1 个小时。

❸ 换水，加糖和 1 克盐煮至软烂。

❹ 用料理棒打成糊状。

❺ 趁热装入开水烫过的干净玻璃瓶中，拧紧盖子后立即倒扣放凉，晾凉后放入冰箱保存即可。

品种群

TOP❶ 金太阳杏

果实圆形，单果重约 70 克，最大 90 克。果顶平，缝合线浅不明显，两侧对称。果面光亮，底色金黄色，阳面着红晕，外观美丽。果肉橙黄色，肉质鲜嫩，汁液较多，有香气，甜酸爽口。

TOP❷ 凯特杏

于 1991 年从美国加州引入我国。大果型，果实近圆形，缝合线浅，果顶较平圆，果皮橙黄色，阳面有红晕，味酸甜爽口，芳香味浓。肉质细，含糖量高。

TOP❸ 红丰杏

果实近圆形，果个大，品质优。平均单果重 68.8 克，肉质细嫩，纤维少，汁液中多，浓香，纯甜。果面光洁，果实底色橙黄色，外观 2/3 为鲜红色，为国内外最艳丽漂亮的品种。

TOP❹ 山黄杏

果实扁圆形，果实缝合线浅广，片肉对称。果顶平圆，梗洼深。果实底色橙黄色，一半着红色，茸毛中多，皮厚，韧，不易剥离。果肉橘黄色，肉质细软，汁中多，风味酸甜，有香气。

品种群

TOP❺ 仰韶黄杏

果实大型，平均单果重 60 克， 果实卵圆形，果顶平、微凹，两半部不对称，梗洼深广。果皮、果肉均橙黄色，近核处黄白色，肉质细韧、致密，富有弹性，纤维少，汁液中多，酸甜爽口。

TOP❻ 兰州大接杏

主产于甘肃兰州等地。果实圆形或卵圆形，果皮底色黄色。果肉金黄色，肉质柔软，味甜多汁。

TOP❼ 唐王川大接杏

又叫桃杏。果实心脏形，平均果重 90 克，果顶尖圆，缝合线深、显著，片肉对称，果皮橙黄色， 肉质柔软、细密，汁液多，味酸甜可口。

TOP❽ 金杏

果实卵圆形，果实缝合线显著，中深、狭窄，片肉两侧不对称。果顶圆形，微凸。梗洼深而广。果实底色淡黄色，散生几个小红点。果面茸毛少，果皮厚。果肉黄色，松脆，纤维粗、多，汁丰富，味甜酸适度。

TOP❾ 红金榛杏

果实长圆形，果顶平，梗洼深，缝合线明显且深，两侧片肉对称。平均单果重 71 克，最大 167 克。果面金红色，果肉橙红色，柔软多汁，甜酸适口。离核，甜仁。7 月上中旬成熟，为优良的中晚熟，鲜食、加工兼用杏。

TOP❿ 串枝红杏

果实卵圆形，果皮底色橙黄色，阳面紫红色。果肉橙黄色，肉质硬脆，纤维细，果汁少，味甜酸。离核，苦仁。7 月下旬果实成熟，为晚熟品种群。

TOP⓫ 牡红杏

果形近圆形，平顶，金黄色，特别艳丽好看，7 月上中旬成熟。果个大，平均果重 56 克，味酸甜，有香味，吃后不苦涩，适口性好，离核，是最受消费者欢迎的优良品种。

TOP⓬ 银香白

果实扁圆形，果实缝合线浅、广， 片肉对称。果顶平或微凹。梗洼圆形，果梗中粗、中长。果实底色绿白色，阳面有红色斑点，果皮薄，茸毛少，稍有光泽。

TOP ⑬ 新世纪杏

果实卵圆形，平均单果重 73.5 克，最大果重 108 克，缝合线深而明显，果面光滑，果皮底色橙黄色，彩色为粉红色，肉质细，香味浓，味甜酸，品质佳。离核，仁苦。

TOP ⑭ 大棚王

果实特大，果实长圆形或椭圆形，果形不正，果面较光滑，有细短绒毛。果肉黄色，肉厚。肉质细嫩，纤维较少，汁液较多，香气中等，品质中上。

TOP ⑮ 骆驼黄杏

果实圆形，平均单果重 49.5 克，果实缝合线显著、中深，两侧片肉对称，果顶平，微凹。梗洼深广，果皮底色黄绿，阳面着红色。果肉橙黄色，肉质较细软，汁中多，味甜酸。

TOP ⑯ 游龙杏

鲜食兼观赏品种群。树枝弯曲如游龙，因此而得名。果实圆形，果重 90~120 克，果面橘红色，果肉硬，粘核，浓甜清香，品质极上等。

TOP ⑰ 矮化甜杏

杏树中的短枝型品种群，鲜食兼仁用品种群。北京地区 6 月中下旬成熟，果实圆形，果重 80~120 克，果面鲜红色，果肉橙红色，离核，品质上等。

TOP ⑱ 早橙杏

单果重 80~150 克，果实红橙色，品质优良。含糖 15%，丰产性强，北京地区 6 月上旬成熟。

TOP ⑲ 美国特早巨杏

单果均重 125 克，最大的可达 300 克以上，阳面艳红，丰产性强。北京地区 5 月下旬成熟。

TOP ⑳ 金寿杏

果实圆形，平顶，底色橘黄，向阳面有红晕，果面光滑、艳丽。果实极大，平均单果重 175 克，最大可重达 298 克。果肉细嫩多汁，甜酸可口，有香气，口味纯正，品质极上乘。

梅子

学名：Armeniaca mume Sieb.
分类：蔷薇科杏属
原产地：中国

酸中带甜的“凉果之王”

梅子是果梅树结的果，但是一般观赏的梅花是另外几种梅。果梅为蔷薇科杏属梅植物，亦称青梅、梅子、酸梅。原产于中国，是亚热带特产果树。我国各地均有栽培，以长江流域以南各省最多。

果：富含人体所需的多种氨基酸，具有酸中带甜的香味，被誉为“凉果之王”、“天然绿色保健食品”。

味：梅子性味甘平，果大、皮薄、有光泽、肉厚、核小、质脆细、汁多、酸度高。

营养与功效

梅果含有多种有机酸、维生素、黄酮和碱性矿物质等人体所必需的保健物质；含苏氨酸等8种氨基酸和黄酮，有利于人体蛋白质构成与代谢功能的正常进行，可防止心血管等疾病的产生。

选购妙招

选择果形大、果核小、色绿质脆、果形整齐、果实饱满、圆刺的梅果品种，一般以果形肥嫩馅满、果面干燥、无水迹现象、果面茸毛已落而且有光泽为优质新鲜梅子。

储存方法

可放进冰箱冷藏，但不建议放太长时间。放的时间太长，容易滋生霉菌或其他细菌，最好在2天内食用。

盛产期：3~5月

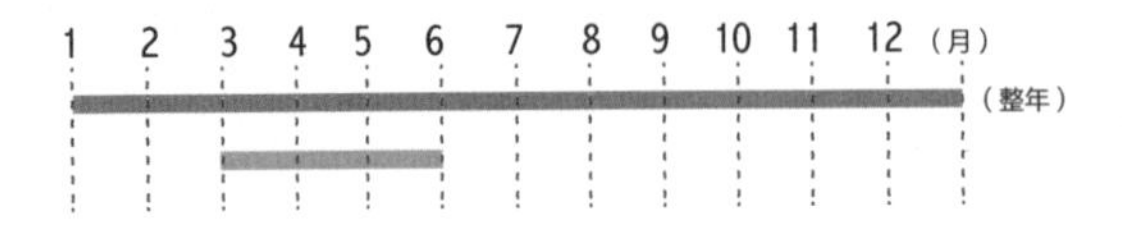

国产·输入

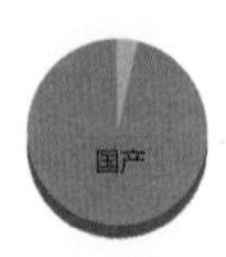

烹 烹饪技巧

果实鲜食者少，主要用于食品加工，其加工品有咸梅干、话梅、糖青梅、清口梅、梅汁、梅酱、梅干、绿梅丝、梅醋、梅酒等。

食用宜忌

多吃梅子会伤及胃与牙齿；胃酸过多或胃溃疡患者不宜食用。

食 推荐食谱

梅子酒果冻

原料：

明胶粉 18 克，白砂糖 150 克，冷开水 700 毫升，梅子酒 120 毫升，酒泡梅子果、李子脯、巧克力条、糖各适量

做法：

❶ 白砂糖加水加热至糖溶化；明胶粉和水调匀。
❷ 将三分之二明胶浆倒入糖水中，拌至溶解。
❸ 加入梅子果，倒入模具内五分满，入冰箱冻至凝固。
❹ 梅子酒和白砂糖加热至溶，加剩下的明胶粉、水搅拌倒入果冻表面上，入冰箱冻至凝固即可。

品种群

TOP ❶ 胭脂梅

产于湖北钟祥长寿镇。因果皮成熟时呈暗红色，如胭脂，故俗称胭脂梅，又名红李。相传此名由明嘉靖皇帝钦定，曾为贡品。胭脂梅以肉肥、汁浓、个大、酸甜适度、味道鲜美而扬名荆楚。

TOP ❷ 青梅

果实椭圆形，果皮浅青绿色，成熟果黄色，向阳面具有红晕，果肉淡黄色。单果重平均 28 克，果肉厚，核小，果肉细脆，香气醇厚，酸中带甜。

TOP ❸ 白粉梅

果实近圆形，大小较整齐，单果重 24.3 克，果皮黄绿色，朝阳面带有少量红晕，果面有白色茸毛。果肉细脆，风味浓酸，无苦涩味。

TOP ❹ 软枝大粒青梅

丰产、稳产，果实近圆形，大小较整齐。果大，单果重 24.5~26.5 克。果皮黄绿色，阳面淡红色。果肉细脆，风味酸，无苦涩味。

荔枝

学名：Litchi chinensis Sonn.
分类：无患子科荔枝属
原产地：中国岭南

美如凝脂的南国佳果

荔枝，高约10米。分布于中国的西南部、南部和东南部，广东和福建南部栽培最盛。亚洲东南部也有栽培，非洲、美洲和大洋洲有引种的记录。荔枝与香蕉、菠萝、龙眼一同号称“南国四大果品”。

果：果皮有鳞斑状凸起，鲜红，紫红，成熟时至鲜红色；种子全部被肉质假种皮包裹。

味：花期春季，果期夏季。果肉产鲜时呈半透明凝脂状，味香美，但不耐储藏。

营 营养与功效

荔枝含葡萄糖、蔗糖、蛋白质、脂肪以及维生素A、B、C等各种营养素，具有健脾生津、理气止痛之功效，适用于身体虚弱、病后津液不足、胃寒疼痛、疝气疼痛等症。现代研究发现，荔枝有营养脑细胞的作用，可改善失眠、健忘、多梦等症，并能促进皮肤新陈代谢、延缓衰老。

盛产期：5~7月

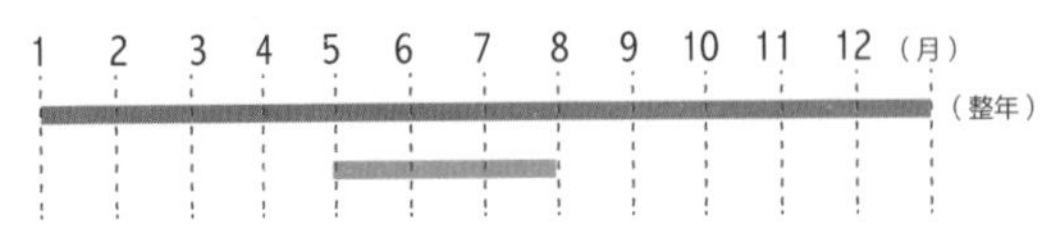

国产·输入

选 选购妙招

新鲜荔枝应该色泽鲜艳，个头匀称，皮薄肉厚，质嫩多汁，味甜，富有香气。挑选时可先在手里轻捏，好荔枝的手感应该富有弹性。从外表看，新鲜荔枝的颜色一般会很给人一种很亮的感觉。荔枝果实有些发黑的可能有变质，小心食用。

储 储存方法

把荔枝装进篮子，注意不要装得太厚了，然后把篮子放在阴凉处，每天早晚洒点水。这种方法一般可以存放 5 天左右不变味。

食用宜忌

不宜空腹食用；不宜大量进食荔枝；糖尿病人慎吃；尽量不要吃水泡的荔枝。

烹 烹饪技巧

① 荔枝的中间有一条缝，只要沿着那个方向轻轻一咬，壳就会裂开。

② 在吃荔枝前后适当喝点盐水、凉茶或绿豆汤，或者把新鲜荔枝去皮浸入淡盐水中，放入冰柜里冰后食用，不仅可以防止生虚火，还具有醒脾消滞的功效。

食 推荐食谱

荔枝汁

原料：

荔枝 300 克

做法：

❶ 将荔枝去皮、去核，然后放入搅拌器中。

❷ 不用加水。

❸ 插电，搅拌 2 分钟即可。

品种群

TOP ❶ 三月红

属最早熟种，主产于广东的新会等地。果实为心脏形，上广下尖。龟裂片大小不等，排列不规则，缝合线不太明显。皮厚，淡红色。肉黄白，微韧，组织粗糙，核大，味酸带甜，食后有余渣。

TOP ❷ 圆枝

又名水东、水东黑叶，分布于珠江三角洲各县。果实短卵圆形，肩边高边低。龟裂片略平宽，不刺手，排列规则，深红色。果肉软滑多汁，甜中带酸，微香。

TOP ❸ 黑叶

又名叶枝、乌叶，因植株叶色浓绿近黑而得名，广东、福建、广西都有栽培。果实短卵圆形，果顶浑圆或钝，果肩平。皮深红色，壳较薄，龟裂片平钝，大小均匀，排列规则，裂纹和缝合线明显。

TOP ❹ 淮枝

又名密叶、古凤、凤花、怀枝、槐枝。果实圆球形或近圆形，蒂平。果壳厚韧，深红色，龟裂片大，稍微隆起或近于平坦，排列不规则，近蒂部偶有尖刺，密而少。肉乳白色，软清多汁，味甜带酸，核大而长，偶有小核。7月上旬成熟。

TOP ❺ 桂味

又名桂枝，因带桂花香味而得名。其特征为果实圆球形，果型较黑叶要小，果壳浅红色，薄而脆，龟裂片凸起小而尖，刺锋尖锐刺手，从蒂膊两旁绕果顶有圈较深环沟。果肉黄白，柔软饱满，核小，味很甜。

TOP ❻ 挂绿

为广东增城荔枝中的优等品种，也是广东荔枝的名种之一。果实扁圆，不太大。果肉细嫩、爽脆、清甜、幽香，特别之处是凝脂而不溢浆。

TOP ❼ 糯米糍

又名米枝。主产于广州市郊区罗岗和新塘，果实为心脏形、近圆形，果柄歪斜为其品种群特征。肉厚，核小，肉色黄白半透明，味极甜，香浓，糯而嫩滑。7月上旬成熟。有红皮大糯和白皮小糯两个品系，宜干制。

TOP ❽ 元红

又名皱核。主产于福建福州市闽侯县。果实为心脏形，果顶丰满，果梗长。果皮紫红色，龟裂片小，中央有小刺，缝合线不明显。肉较薄，乳白色，核大小不一，味甜带酸。7月中旬成熟。

TOP❾ 兰竹

主产于福建龙海、南靖、漳州等地，有红色和青色两个品系。果实为心脏形，果型丰满，果梗细，龟裂片中大无刺。皮较薄，核大小不一，大核居多。陶乳白色，味甜而酸，品质中等。7月中旬成熟。适宜制罐头和制干。

TOP❿ 陈紫

为福建荔枝的优等品种群，成熟时散发出阵阵幽香，莆田、仙游一带最著名。果实短卵圆形，龟裂片瘤状凸起，细小，中央有小刺，缝合线和裂纹不明显。肉厚，入口浆水四溅，味甜中微酸。7月下旬成熟。

TOP⓫ 水晶球

产地广东， 果肉爽脆清甜，肉色透明，果核细小，是一个有数百年栽培历史的优良品种群。陈鼎的《荔枝话》记述，水晶球“白花，白壳，白肉，味甘，香沁肺腑”。

TOP⓬ 妃子笑

四川称之铊提，台湾称之绿荷包。原产于海南，其特点为核小、颜色青红、个大、味甜。果实饱满，颜色对比特别明显，一般为红绿相间。

TOP⓭ 白糖罂

又名蜂糖罂，约有二三百年的栽培历史。果歪心形或短歪心形，中等大，平均单果重24.8克。果皮薄，鲜红色。果蒂及缝合线附近裂片峰细而尖，裂纹浅而显著。果顶浑圆或钝。果肉乳白色，肉质爽脆，少汁，味清甜。

核

果类

龙眼

学名：Dimocarpus longan Lour

分类：无患子科龙眼属

原产地：中国南部及西南部

状如龙眼的“益智果”

龙眼，果供生食或加工成干制品，肉、核、皮及根均可作药用。原产于中国南部及西南部， 世界上有多个国家和地区栽培龙眼，如泰国、印度尼西亚、澳大利亚的昆士兰州、美国的夏威夷州和佛罗里达州等。

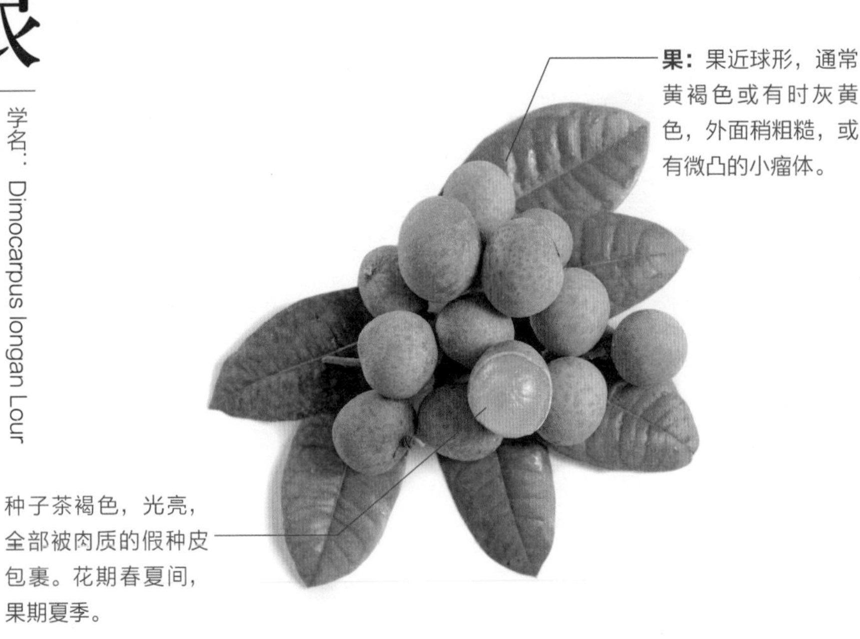

营 营养与功效

龙眼含丰富的葡萄糖、蔗糖和蛋白质等，含铁量高，可提高热能、补充营养，促进血红蛋白再生，从而达到补血的效果。除对全身有补益作用外，对脑细胞特别有效，能增强记忆、消除疲劳。

选 选购妙招

果壳黄褐，略带青色，为成熟适度；若果壳大部分呈青色，则成熟度不够。挑选龙眼还要注意剥开时果肉应透明无薄膜，无汁液溢出。留意蒂部不应沾水，否则易变坏。

储 储存方法

新鲜龙眼用保鲜袋密封起来放冰箱里，不要放在冰箱里的冷冻室，放在冷藏室就好了。记住新鲜龙眼要尽快吃掉，以防变质坏掉。

盛产期：7~10月

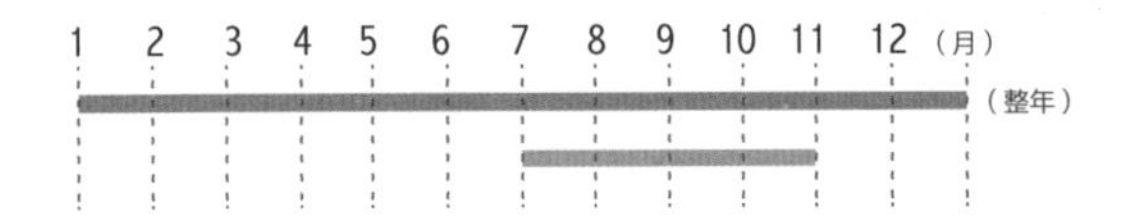

国产 · 输入

烹饪技巧

① 鲜龙眼烘成干果后即成为中药里的桂圆。

② 龙眼除可以直接嚼服、水煎服用外，也可制成果羹、浸酒，还可与白砂糖共同熬成膏剂服用。

食用宜忌

内有痰火及湿滞停饮者慎食龙眼。妇女怀孕后大都阴血偏虚，阴虚则生内热，孕妇应慎食。

推荐食谱

糖水龙眼

原料：

龙眼 1800 克，冰糖 400 克

做法：

❶ 龙眼剥皮、去核。

❷ 锅中注入适量水，加入冰糖，煮开。

❸ 煮沸后放入龙眼肉，根据自己的喜好决定煮的时间。

❹ 煮好放凉，放进干净的容器里，放入冰箱即可。

品种群

TOP ❶ 石硖龙眼

是中国传统优质品种，风味浓郁，肉脆核小。单果重约 8~10 克，果肉白色，晶莹剔透，果汁不外溢，肉质爽脆，清甜化渣，有清香，果肉离核。果壳褐黄色，果形近圆形。

TOP ❷ 储良龙眼

果穗中等，果粒大小均匀，扁圆形，果皮黄褐色，单果重 12~20 克，最大 28 克。果肉乳白色，不透明，肉质爽脆，味浓甜，品质上等。

TOP ❸ 灵山灵龙龙眼

“灵龙”是广西优良品种，其果粒大，黄褐色，不裂果，平均单果重 12.5~15 克，最重达约 21 克。果肉干脆不流汁，清甜常蜜。该品种早结，丰产、稳产，果大质优。

TOP ❹ “古山二号”龙眼

果实扁圆形。平均单果重 10~12 克，果壳厚中等，赤褐色，易剥。果肉较厚，腊白色，半透明，去壳时不流汁，肉质爽脆，味清甜，鲜食有独特香味。果核中等大。

品种群

TOP ❺ 立冬本龙眼

该品种群系福建省培育，是目前国内最晚熟的龙眼品种群。果实大小均匀整齐，平均单果重12.7~14.3克。果实成熟期晚。

TOP ❻ 松风本龙眼

果中大，平均单果重12.8~13.9克。果实9月下旬至10月上旬成熟，是较理想的晚熟鲜食品种。

TOP ❼ 东壁龙眼

“东壁”为福建省著名的稀有优良龙眼品种群，全省最优早熟鲜食品种群，被誉为“鲜食龙眼之王”。单果均重10.9克。成熟期在8月中旬至9月上旬。

TOP ❽ 容县大乌圆龙眼

原产地广西容县。果树树势壮旺，树形高大，叶色特色浓绿，叶宽大，叶柄粗壮。果实近圆球形，略扁，果大，平均单果重15~20克，最大的达31克，是我国果型最大的龙眼良种。

TOP ❾ 福眼

又名福圆、虎眼等。该品种群果实扁圆形，果粒大小均匀，果皮褐黄色，龟甲状裂纹不明显，果肉乳白色，半透明，肉质细腻，汁多肉厚，味清甜，核可入药。该品种群是福建省晋江、南安、泉州等主产区的最重要品种。

TOP ❿ 粉壳龙眼

粉壳龙眼系台湾主要品种群，因其果粉多于其他品种群而得名。果粒中等，果肉厚，果肉淡白，肉质微脆，甜度佳。果核较小，8月上、中旬成熟。

TOP ⓫ 青壳眼

产期较晚，在9月份。果粒最小，果肉薄，但甘味佳。

鲜干皆宜的补血良品

枣，别称枣子、大枣、刺枣、贯枣，鼠李科枣属植物，落叶小乔木，稀灌木，生长于海拔 1700 米以下的山区、丘陵或平原，广为栽培。本种原产于中国，亚洲、欧洲和美洲常有栽培。

学名：Ziziphus jujuba Mill.
分类：鼠李科枣属
原产地：中国

味： 可供鲜食，枣的果实味甜，含有丰富的维生素 C、P。

果： 核果矩圆形或长卵圆形，成熟时红色，后变红紫色，中果皮肉质，厚。

营养与功效

吃枣可以补血、降压、增强人体免疫力。枣里含有大量的维生素、多种微量元素和糖分，对保肝护肝、镇静安神有一定的功效。鲜枣的维生素含量更丰富，但多吃可能伤害消化功能。

选购妙招

颗粒大小比较均匀，皱纹少，皮薄，肉质厚而细实为佳。鲜枣上面的皱纹比较多的话，就可能是不新鲜或质量不好。

储存方法

将新鲜枣子放在塑料袋中密封，然后放入冰箱冷藏室，温度设置在 1℃左右，让枣子不会冻伤，还能好好保持鲜脆度。

盛产期：8~10 月

1 2 3 4 5 6 7 8 9 10 11 12（月）

（整年）

国产 · 输入

烹 烹饪技巧

① 枣皮中含有丰富的营养素，用枣炖汤时应连皮一起烹调。

② 生吃时，枣皮易滞留在肠道中而不易排出，因此吃枣时应细细咀嚼。

食用宜忌

一天食用量最好以3~10个为佳，过量食用有损消化功能，引起胃酸过多和腹胀。

食 推荐食谱

红枣芋头

原料：

去皮芋头250克，红枣20克，白糖适量

做法：

❶ 芋头切片；取一盘，将洗净的红枣摆放在底层中间。
❷ 盘中依次均匀铺上芋头片，顶端再放入几颗红枣。
❸ 蒸锅注水烧开，放上摆好食材的盘子。
❹ 加盖，用大火蒸10分钟至熟透。
❺ 揭盖，取出芋头及红枣。
❻ 撒上白糖即可。

品种群

TOP❶ 壶瓶枣

果实平均每枚重17克，最大的可达50克以上，成熟后果皮暗红，果形长倒卵形，上小下大，中间稍细，形状像壶亦像瓶。皮薄，深红色，肉厚，质脆，汁中多，味甜，果皮稍稍有点苦辣味。

TOP❷ 金丝小枣

一般为椭圆形和鹅卵形，平均个重5~7克。核小皮薄，果肉丰满，肉质细腻。鲜枣呈鲜红色，肉质清脆，甘甜而略具酸味；干枣果皮呈深红色，肉薄而坚韧，皱纹浅细。

TOP❸ 酸枣

又名棘、棘子、野枣等，自古野生于我国。果实圆形或扁圆形、椭圆形等，果皮红色或紫红色，果肉较薄、疏松，味酸甜。酸枣的营养价值很高，也具有药用价值，作为食品较为普遍。

TOP❹ 冬枣

亦称苹果枣、冰糖枣。枣果大，近圆形，皮薄，核小，汁多，肉质细嫩酥脆，甜味浓，略酸。果实圆形或扁圆形，呈赭红色，平均单果重17.5克，最大单果重35克，枣核呈纺锤形。

TOP❺ 新疆红枣

为新疆特有产品，又称为“黄金寿枣”。果实中等大，扁倒卵形，上窄下宽，侧面较扁。平均果重11.2克，最大果重16.2克，大小较整齐。果面不很平整，果皮紫褐或紫黑色，汁液中多，甜味浓。

TOP❻ 台湾大青枣

又称台湾甜枣，学名为毛叶枣。果大，肉厚核细，外形美观，营养丰富。果实为圆形或卵圆形，单果重30~80克，肉厚、核细，肉质脆甜可口。

TOP❼ 金梅枣

金梅枣果实大，成圆形，成熟期为金红色，形似李梅。平均单果重30克，最大果重100克，色泽光洁美观，皮薄肉脆，细嫩多汁，甜似蜂蜜，香气浓郁，品质极优。金梅枣被国内专家誉为“国宝”。

TOP❽ 梨枣

又名大铃枣、脆枣等。果实多数似梨形，为枣树中稀有的名贵鲜食品种群。果实特大，近圆形，最大单果重80克，果面不平，皮薄，淡红色，肉厚，绿白色，质地松脆，汁液中多，味甜。核长纺锤形，品质上等。

TOP❾ 金陵长枣

果实大，平均果重26克，最大果重75克。果皮薄，鲜红色。果肉厚，绿白色，肉质致密，味甜，汁液多，品质上等，适宜鲜食。

TOP❿ 蛤蟆枣

果实大，扁柱形，单果均重34克，大小不均匀。果皮深红色，果面不平滑，果点较大，果肉厚，绿白色，肉质细且较松脆，味甜汁较多，品质上等，适宜鲜食。

TOP⓫ 胎里红

该果单果重260克，最大400克，果近葫芦形。果实全面鲜红色，果面光洁，光彩夺目，娇艳非常，特别诱人。果肉细密，清脆爽口，汁多无渣。果心小，浓甜，气味芬香，风味极佳，极为可口，品质极上乘。

TOP⓬ 广洋枣

别名圆铃枣、小圆铃，分布于河南镇平枣区，为主栽品种群，占当地栽植面积的90%。果实大，近圆形，平均果重17克，大小整齐，9月中旬成熟，产量稳定，品质上等，可鲜食、制干和加工。

品种群

TOP⑬ 芒果冬枣

属于晚熟类，平均单果重35克，果形圆长，形似芒果，10月中旬开始成熟上市。口感极佳，多汁无渣，果肉松脆特甜，可成熟至全红而不裂不烂，是颇受消费者青睐的一种鲜食品种。

TOP⑭ 棉枣

属大果类，单果重约14克，果皮黄白色，呈长圆形，果肉白色，略呈淡绿，质地松软，酷似棉絮。汁液较少，甘甜适口。

TOP⑮ 油水福枣

果实特大，圆柱形，果皮薄，暗紫红色，果顶微凹，梗洼深，肉厚，黄白色，肉质致密脆嫩，汁液特多，味浓甜。核大，棱形，沟纹深，品质上乘。

TOP⑯ 脆酸枣

果面光滑，完熟后呈深玫瑰红色，皮薄质脆，肉厚核小，酸甜适口、品质极佳，成熟极早，具有较高的营养、保健价值，适宜鲜食和加工。

TOP⑰ 蚂蚁枣

别名长铃枣、奶头枣、布袋酥，属零星栽培。果实长柱形，果顶较细瘦，平均果重15.2克，大小较整齐。9月下旬成熟，果实品质良好，是较好的中晚熟鲜食品种。

TOP⑱ 赞皇大枣

别名赞皇长枣、金丝大枣、大蒲红枣，果实长圆形或倒卵形，平均果重17.3克，比冬枣早熟。大小整齐，果面平整，果皮深红褐色。果肉近白色，致密质细，味甜略酸。

TOP⑲ 龙枣

亦称龙须枣，为莱芜当地长红枣的特殊变异。果实扁柱形，果重3~4克，果面不平，成熟时为红褐色。鲜干品质均较差。果实9月下旬成熟。

TOP⑳ 沙枣

果实长圆状椭圆形，直径约为1厘米，果肉粉质，果皮早期银白色，后期鳞片会脱落，呈黄褐色或红褐色。

番荔枝

学名：Annona squamosa Linn.
分类：番荔枝科番荔枝属
原产地：热带美洲

形似佛头的释迦果

番荔枝为热带水果，表皮布满瘤状凸起，形似释迦牟尼佛头部，故有赖球果、佛首果、释迦果之称。果实清甜，果肉乳白色，以其独特香味被列为热带名果之一。

营养与功效

番荔枝富含维生素 C，适度食用能有效地避免维生素 C 缺乏，起到辅助食疗的作用。番荔枝的纤维含量较高，能有效地促进肠蠕动，排走积存在肠内的宿便；具有降血糖的功效，糖尿病患者经常食用番荔枝，对于病症的减轻有明显作用；能够有效延缓肌肤衰老，美白肌肤。

盛产期：6~11 月

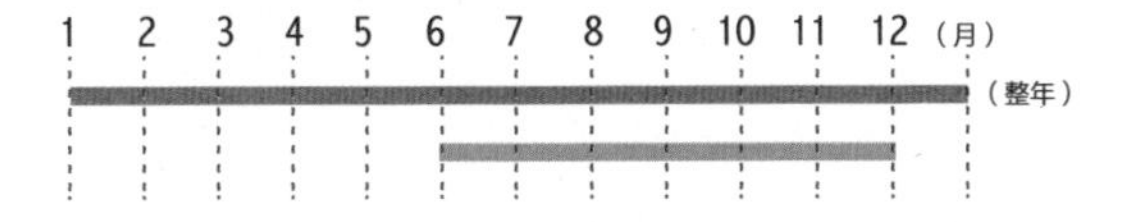

国产 · 输入

选 选购妙招

选购时应挑选果实大、鳞目大、果形圆的番荔枝。如果买回后不用立即食用的话，要选择稍许硬一些的，表皮的凸起如果有磨损对食用是没有大碍的，因为吃的是其内部的果肉。如果要立即吃的话，就可以选择有小裂口、软一些的，这种就是熟了的番荔枝。

储 储存方法

将番荔枝放置于阴凉、通风处保存，最佳温度20℃；或装入保鲜袋中，放入冷藏柜中，保持12℃，可保鲜10~15天。

食用宜忌

番荔枝虽含有各种糖类，但对血糖的影响甚微，糖尿病患者无需忌食。

烹 烹饪技巧

① 番荔枝果实主供鲜食，也可制成果汁、果露、果酱、果酒、饮料等。

② 番荔枝一定要熟软才能吃，若生硬可用报纸包裹，喷些水，放1~2天。

食 推荐食谱

番荔枝水果沙拉

原料：

番荔枝120克，橙子80克，猕猴桃65克，酸奶50克

做法：

❶ 洗净的番荔枝去除果皮，去核，切小瓣，改切成小块。

❷ 洗好去皮的猕猴桃切开，去除硬心，切小块。

❸ 橙子去除果皮，再切成小块，备用。

❹ 取一个大碗，放入切好的番荔枝、猕猴桃、橙子。

❺ 加入适量酸奶，拌匀，将拌好的水果沙拉摆好即可。

品种群

TOP ❶ 普通番荔枝

果实为聚合果，心脏圆锥形或球形肉质浆果，由心皮表面形成的瘤状凸起明显。表面光滑，纺锤形或长椭圆形、长卵形。果实丰满。

TOP ❷ 南美番荔枝

又名秘鲁番荔枝，原产于热带美洲哥伦比亚和秘鲁安第斯山高海拔地区，能耐较长时间的低温，故又称冷子番荔枝。

TOP ❸ 阿特梅番荔枝

也称澳洲番荔枝。果实比普通番荔枝大，果形似南美番荔枝，果面略平滑，果皮能整块剥离。果肉组织结实，含糖量稍低于番荔枝。籽粒较大而少，黑色。

TOP ❹ 刺番荔枝

为番荔枝果树中热带性最强的树种。果实为番荔枝类中最大者，长为15~35厘米，宽为10~15厘米，长卵形或椭圆形，表面密生肉质下弯软刺，随果实发育软刺逐渐脱落而残留小凸体。果皮薄，革质，暗绿色。

TOP ❺ 刺果番荔枝

果卵圆状，长10~35厘米，直径7~15厘米，深绿色，幼时有下弯的刺，刺随后逐渐脱落而残存有小凸体，果肉微酸多汁，白色。

TOP ❻ 毛叶番荔枝

是南美洲连绵高山地带发现的一种落叶植物。果实隐约呈圆形，果皮有三种类型：凹痕状、结瘤状，或前两种形状的混合。

TOP ❼ 牛心番荔枝

果实由多数成熟心皮连合成肉质聚合浆果，球形，平滑无毛，有网状纹，熟时暗黄色，种子长卵圆形。花期冬末至早春，果期翌年3~6月。

TOP ❽ 圆滑番荔枝

常绿大灌木或小乔木。聚合果心形，果皮近平滑，熟果黄绿色，可鲜食、制果汁。

红毛丹

学名：Nephelium lappaceum L.
分类：无患子科韶子属
原产地：东南亚

核小肉厚的红色小刺猬

红毛丹又名毛荔枝，原产于马来西亚，是东南亚著名水果之一，是著名的热带水果，在中国能适合种植的地方不多，属珍稀水果。

营 营养与功效

红毛丹富含钙、磷与维生素C，长期食用可润肤养颜、清热解毒、增强人体免疫力。红毛丹含蛋白质，蛋白质是维持免疫机能最重要的营养素，为构成白血球和抗体的主要成分。红毛丹味苦，能清心泻火、清热除烦，消除血液中的热毒，有养颜护肤、增强皮肤张力、消除皱纹的功效。

盛产期：5~9月

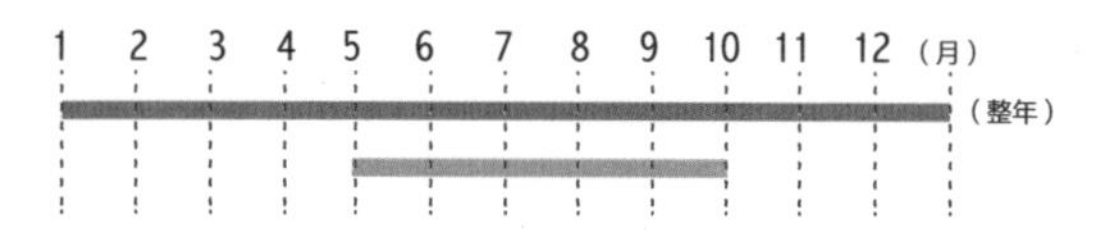

国产 · 输入

选 选购妙招

红毛丹熟果的颜色呈鲜红色或略带黄色。在选购红毛丹要看其外表是否美观，皮色是否鲜红，外表新鲜的果实，品质口感自然鲜美。以果皮表面柔毛红中带绿的果实品质最佳。选购时应挑软刺细长新鲜、果体外表无黑斑、果粒大且匀称、皮薄而肉厚的，为上品。

储 储存方法

红毛丹要即买即食，不宜久藏，在常温下经 3 天即变色生斑。若量多过剩时，可密封于塑胶袋中，放冰箱冷藏，约可保鲜 10 天左右。

食用宜忌

胃炎、消化性溃疡、阳虚体质者忌用。红毛丹的果核上有一层坚硬且脆的保护膜，是人的肠胃无法消化的，会划破肠胃内壁，食用时一定要将这层膜剔除干净。

烹 烹饪技巧

红毛丹果实营养丰富，供鲜食和加工制罐头，此外还可制蜜饯、果酱、果冻和酿酒。

食 推荐食谱

红毛丹糖水

原料：

白糖 400 克，红毛丹 1000 克

做法：

❶ 洗净的红毛丹切开，去除果壳，取出果肉待用。
❷ 锅中倒入约 900 毫升清水烧热。
❸ 盖上盖，用大火煮沸。
❹ 取下盖子，放入红毛丹的果肉，拌匀。
❺ 放入白糖，拌匀。
❻ 续煮约 2 分钟至白糖溶化。
❼ 盛出即成。

蛋黄果

学名：Lucuma nervosa A.DC
分类：山榄科蛋黄果属
原产地：古巴和北美洲热带

口感绵密的“鸡蛋黄”

蛋黄果又名仙桃，山榄科蛋黄果属多年生植物，树体高约 6 米，单叶互生，叶片纸质，狭椭圆形，花小白色，聚生于叶腋。

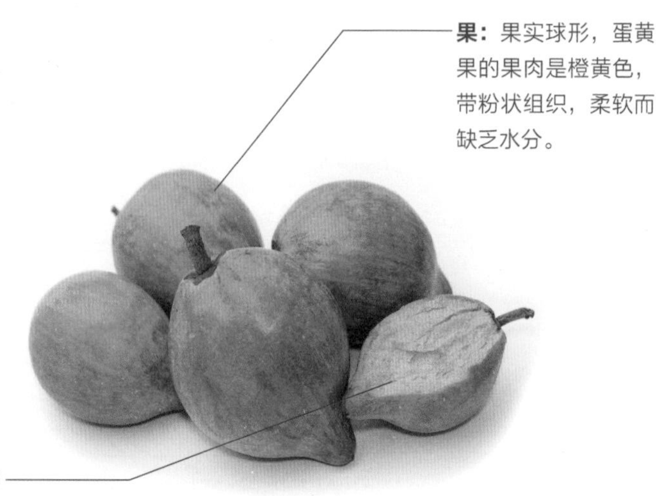

营 营养与功效

蛋黄果果肉含糖 29.1%~30.5%、淀粉 5.6%~8.1%、粗脂肪 1%~1.14%，每 100 克果肉含维生素 C24.3 毫克。蛋黄果含有丰富的磷、铁、钙、维生素 C、类胡萝卜素等营养物质及人体必需的 17 种氨基酸，具有帮助消化、化痰、补肾、提神醒脑、活血强身、镇静止痛、减压降脂等功效。

盛产期：12 月

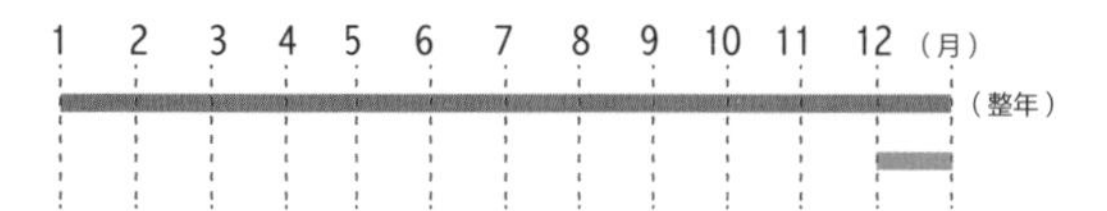

国产・输入

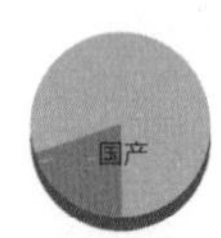

选 选购妙招

好的蛋黄果果实球形，未熟时果绿色，成熟果黄绿色至橙黄色，光滑，皮薄，果肉橙黄色，富含淀粉，质地似蛋黄且有香气。

储 储存方法

蛋黄果置于阴凉干燥处保存即可。

烹 烹饪技巧

蛋黄果买回来后可常温放置约 1 个星期，用手轻捏果子，感觉整个果子变软了就可食用（未变软时味道很涩，不可吃）。皮与核不要吃。虽没什么香味，但果肉甜软，与芒果、黄肉番薯、熟蛋黄的味道类似，还是很不错的。果实除生食外，可制果酱、冰奶油、饮料或果酒。

食用宜忌

蛋黄果的外皮和内核不宜食用。湿热体质、血瘀体质的人不适合吃蛋黄果。

食 推荐食谱

蛋黄果乳酪奶昔

原料：

牛奶 1 杯，蛋黄果 1 个，蜂蜜适量

做法：

❶ 将牛奶和蛋黄果果肉倒进一个搅拌杯内，然后用高速搅拌机打滑。

❷ 加入适量水至适合浓度。

❸ 食用时加入蜂蜜即可。

椰枣

学名：Phoenix dactylifera
分类：棕榈科刺葵属
原产地：北非的沙漠绿洲

饱含果糖的健康之果

椰枣又名波斯枣、番枣、伊拉克枣，是枣椰树的果实，营养丰富，除富含果糖外，还含有多种维生素、蛋白质、矿元素及其他营养成分，自古以来被人们视为是很好的滋补营养食品。

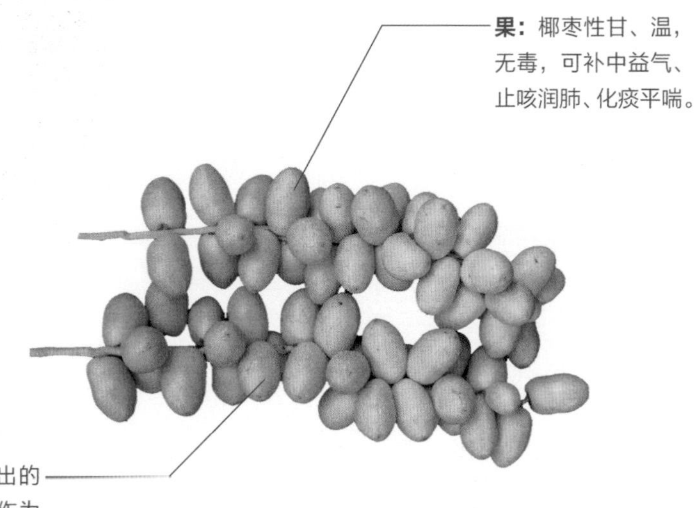

果： 椰枣性甘、温，无毒，可补中益气、止咳润肺、化痰平喘。

味： 椰枣里面浸出的糖汁经过凝结可作为调料，常用于煮肉，甜而不腻。

营 营养与功效

椰枣具有补中益气、止咳润肺、化痰平喘的功效，其所含的纤维素非常柔软，不会对敏感的胃肠造成伤害，可治疗胃溃疡。椰枣的成分组成几乎都是单纯的果糖，非常易于消化，甚至可以作为糖尿病患者的代糖。此外，其脂肪及胆固醇含量极低，而丰富的维生素与矿物质可以增进机能，达到健康的诉求。

盛产期：9~10 月

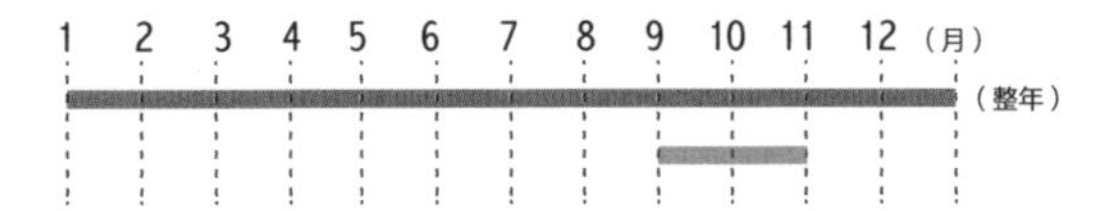

国产 · 输入

选 选购妙招

椰枣最好挑那些软一点、透明一点的，这样的椰枣是新摘下来的，吃着好吃，还不硬。时间越长的椰枣越干越硬。

储 储存方法

椰枣有干湿两种，干的常温封口储存即可，湿的封口后放在冰箱里。

食用宜忌

生食椰枣时，一定要将它消毒、洗净，表皮可能会残留农药。儿童脾胃功能较弱，椰枣黏腻，不易消化，多食碍胃，易影响儿童食欲和消化功能。

烹 烹饪技巧

① 椰枣煮粥：可晒干在煮粥时加入少许。
② 椰枣糕点：还可以去果肉做成枣糕等点心食用。
③ 椰枣炖食：可以在炖鸡炖肉等时加入几颗提味。

食 推荐食谱

椰枣茶

原料：

椰枣 50 克

做法：

❶ 砂锅中注入适量清水烧开。
❷ 倒入洗净去核的椰枣。
❸ 盖上盖，用小火煮 15 分钟，至其析出有效成分。
❹ 揭开盖，搅拌片刻。
❺ 把煮好的茶水盛出，装入杯中即可。

橄榄

学名：Canarium album (Lour.) Raeusch.
分类：橄榄科橄榄属
原产地：中国南方

冬春橄榄赛人参

橄榄，又名青果，因果实尚呈青绿色时即可供鲜食而得名。橄榄果可供鲜食或加工，是著名的亚热带特产果树。福建是我国橄榄分布最多的省份。

果： 果卵圆形至纺锤形，横切面近圆形，无毛，成熟时黄绿色；外果皮厚，干时有皱纹。

核： 果核渐尖，横切面圆形至六角形。

营 营养与功效

橄榄果肉含有丰富的营养物，含钙较多，对儿童骨骼发育有帮助。新鲜橄榄可解煤气中毒、酒精中毒和鱼蟹之毒，化痰消积。常食点橄榄有润喉之功，对于肺热咳嗽、咯血的治疗颇有益。

选 选购妙招

挑选果形端正匀称、色泽亮丽、饱满多汁、成熟度适中的。还可仔细观察果蒂，果蒂较新的比较新鲜。

储 储存方法

橄榄不宜在冰箱储存，可以用通风和容器储存的方法来保存。

盛产期：10~12 月

1 2 3 4 5 6 7 8 9 10 11 12（月）
（整年）

国产 · 输入

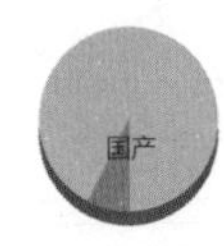

烹饪技巧

橄榄可生吃、用盐腌制或泡茶饮用。

食用宜忌

色泽特别青绿且没有一点黄色的橄榄，说明用矾水浸泡过，最好不要食用。

推荐食谱

橄榄芦根茶

原料：

青橄榄 40 克，芦根 15 克

做法：

❶ 砂锅中注入适量清水烧开，倒入洗净的芦根。

❷ 盖盖，用中火煮约 20 分钟，至药材析出有效成分。

❸ 揭盖，捞出药材，再放入洗净的青橄榄。

❹ 锅转大火煮约 3 分钟，至其变软。

❺ 关火后盛出煮好的橄榄芦根茶，装在杯中即可。

品种群

TOP ❶

潮阳三棱榄

主产于广东潮阳，果倒卵形，单果重10克。果肉呈白色，脆且化渣，香味浓，回味甘甜，核为棕红色，是鲜食品质特优的品种。

TOP ❷

揭西凤湖榄

果实阔椭圆形，基部平钝，有些果可竖放。果顶常有3条浅沟和残存的花柱成小黑点凸起，果皮黄绿色。

TOP ❸

潮州青皮榄

为潮州市久负盛名的优株，母树在意溪橡埔乡，单果重12克。果形美观，风味好，可食率高，是早熟、鲜食加工兼优的品种。

TOP ❹

揭西四季榄

果实倒卵形，单果重5~7克。果肉白色，纤维较多，初尝苦涩，回味尚甘。核棕褐色，较大，果实偏小，品质中下。

品种群

TOP❺ 冬节圆橄榄

主产于广东普宁梅塘，果实长椭圆形，黄绿色。单果重 9 克左右，肉脆，纤维较少，化渣，甘甜，回味浓，质优。肉与核不易分离。

TOP❻ 檀香榄

果卵圆形，果实中部较肥大，基部圆平、微凹，橙黄色，成熟时有红褐色放射形 5 裂，称“莲花座”，为该品种独特标志。香浓味甜，回味甘而无涩，纤维少。

TOP❼ 惠圆榄

为福建主栽的大果型加工用中迟熟品种群。果卵圆形或广椭圆形，横径 2 厘米，纵径 3.8 厘米，单果均重 19 克，皮光滑，绿色或浅绿色。肉绿白色，极厚，肉质松软，纤维少，汁多，味香无涩。

TOP❽ 公本榄

果较小，但质脆，风味浓，回味甜香。

TOP❾ 糯米橄榄

果较小，但质脆嫩香气浓，品质优。

TOP❿ 乌鸡肉榄

果肉带黑色，质细，回味甘甜。

TOP⓫ 乌榄

乌榄又名黑榄。果实卵圆形至长卵圆形，紫黑色，长 3~4 厘米，比一般橄榄大。核两端钝，大而光滑，横切面近圆形。

Chapter 4

仁果类

仁果的果实中心有薄壁构成的若干种子室，室内含有种仁。可食部分为果皮、果肉。仁果类包括苹果、梨、山楂、枇杷等。

苹果

学名：Malus pumila
分类：蔷薇科苹果亚科苹果属
原产地：欧洲、中西亚、北美

温带水果之王

苹果的果实富含矿物质和维生素，是人们最常食用的水果之一。苹果中的营养成分可溶性大，易被人体吸收，故有“活水”之称，有利于溶解硫元素，使皮肤润滑柔嫩。

果: 苹果的正常果实，每果有 5 个心室，每心室有种子 2 粒。

苹果是一种低热量食物，每 100 克只产生 60 千卡热量。

营 营养与功效

苹果是美容佳品，既能减肥，又可使皮肤润滑柔嫩。苹果含有铜、碘、锌、钾等元素，人体如缺乏这些元素，皮肤就会发生干燥、易裂、奇痒。苹果中的维生素 C 是心脏病患者的健康元素。

选 选购妙招

挑选大小匀称、颜色均匀的苹果为佳。

储 储存方法

在小瓶里灌上白酒，用保鲜膜封住口并戳上小洞，放在苹果纸箱内扎紧塑料袋，就能延长苹果 2 个月的新鲜寿命。当然还可以放入冰箱冷藏，口感就没有放在纸箱的好。

盛产期：11 月

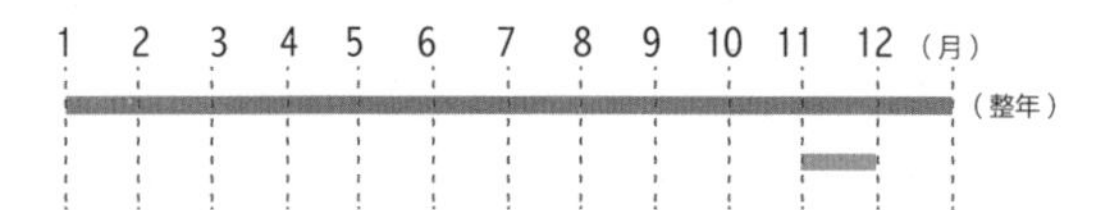

国产 · 输入

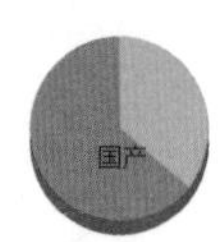

烹 烹饪技巧

苹果可鲜食，亦可榨苹果汁喝；可做酱，也可作为菜肴的点缀；可炸来做零食吃，还可做拔丝苹果。

食用宜忌

溃疡性结肠炎、白细胞减少症、前列腺肥大的病人及平时有胃寒症状者忌生食苹果。

食 推荐食谱

苹果戚风蛋糕

原料：

清水、食用油各70毫升，玉米淀粉70克，低筋面粉160克，奶香粉、泡打粉、塔塔粉、盐各2克，蛋黄65克，苹果丁50克，蛋清150克，白糖80克

做法：

❶ 泡打粉、奶香粉、玉米淀粉、低筋面粉拌至无颗粒状。
❷ 加蛋黄，再拌至面糊光亮，再加苹果丁，拌匀。
❸ 把蛋清、盐、塔塔粉、白糖混合，打成软鸡尾形状。
❹ 分次倒入苹果面糊中，完全拌匀，然后倒入模具。
❺ 放入烤箱，烘烤约25分钟至完全熟透，出炉，脱模。

品种群

TOP❶ 秦冠苹果

果为短圆锥形，底色黄绿，阳面有暗红晕及断续红条纹，常带有白色锈。果面光滑，蜡质较多，果点明显，果皮较厚韧。果肉乳白色，肉质脆、稍致密，汁液多，风味酸甜。

TOP❷ 红富士苹果

果实的体积很大，遍体通红，形状很圆，平均大小如棒球一般。重量中等，果肉紧密，比其他很多苹果变种都要甜美和清脆。

TOP❸ 华冠苹果

果实近圆锥形，果面着1/2~1/3鲜红色，带有红色连续条纹，延期采收可全面着色。果面光洁无锈，果点稀疏、小，果皮厚而韧，果肉淡黄色，风味酸甜适中。

TOP❹ 红将军苹果

“红将军”是我国最先从日本引进的早熟红富士的浓红型芽变，是一个非常优良的中熟品种。外形与红富士极为相似，口感出众，果肉呈黄白色，甜脆爽口，香气馥郁。

品种群

TOP ❺ 嘎啦果

果实中等大，短圆锥形，果面金黄色。阳面具浅红晕，有红色断续宽条纹，果型端正美观。果顶有五棱，果梗细长，果皮薄，有光泽。果肉浅黄色，肉质致密、细脆、汁多，味甜微酸，十分适口。

TOP ❻ 荷兰优系大红嘎拉

果型大，果实长圆柱形，果个整齐，果面光滑亮泽，无锈，蜡质中等，底色黄绿，可全面着浓鲜红色，色泽艳丽，果点小。

TOP ❼ 八棱海棠

我国栽培历史悠久的果中珍品。八棱海棠果实色泽鲜红夺目，果形美观，果肉品质好，果香馥郁，鲜食酸甜香脆，个大皮薄，单果重8~14克，果实扁圆有明显6~8条棱起，因此而得名。

TOP ❽ 金冠苹果

又名金帅、黄元帅、黄香蕉。苹果个头大，成熟后表面金黄，色中透出红晕，光泽鲜亮，肉质细密，汁液丰满，味道浓香，甜酸爽口。

TOP ❾ 辽伏苹果

果实短圆锥形或扁圆形，底色黄绿，阳面略有淡红条纹，果面光滑，果肉乳白色，肉质细脆，汁多，风味淡甜，稍有香气。

TOP ❿ 早捷苹果

是我国于1984年从美国引入的品种群。果实扁圆形，果面浓红色，单果均重122克，酸味较浓，品质一般。

TOP ⓫ 夏绿苹果

果实近圆形，有的果为扁圆形，果较小，底色黄绿，光照充分的果阳面稍有浅红晕和条纹。果面有光泽，无锈，蜡质中等，果梗细长，果皮薄。果肉乳白色，肉质硬而松脆，较致密，汁较多，风味酸甜或甜。

TOP ⓬ 安娜苹果

该品种群果实圆锥形，底色黄绿，大部果面有红霞纹和条纹。果面光洁，果点小、稀，不明显。果皮较薄，果肉乳黄色，肉质细脆，汁较多，风味酸甜，有香气。

TOP ⑬ 杰西麦克苹果

果实中大，大小整齐，扁圆形至近圆形，底色黄绿。果面平滑，有光泽，无棱起，无锈。果点小，较密，肉质松脆，风味酸甜，口味较浓，微有香气，品质中上等。

TOP ⑭ 首红苹果

美国品种，为新红星芽变。果实圆锥形，果顶五棱明显。底色黄绿，全面浓红并有隐显条纹。果面有光泽，果点小，蜡质多，果肉乳白色，肉质细脆，汁多，风味酸甜。

TOP ⑮ 新红星苹果

果实个头中大，果面浓红，色泽艳丽，果形高桩，五棱凸出，外观美，香甜可口。

TOP ⑯ 超红苹果

果实圆锥形，果顶五棱凸出；底色黄绿，全面浓红。果面蜡质多，果点小，果皮较厚韧。果肉绿白色，贮后转为乳白色。肉质脆，汁多，风味酸甜，有香气。

TOP ⑰ 红玉苹果

果实扁圆形，底色黄绿，果面大部浓红或全面浓红，色泽鲜艳。果面有光泽，蜡质较多，果点小，果皮薄韧。果肉乳黄色，肉质致密、脆、汁多，风味甜酸，香气浓。

TOP ⑱ 新世界苹果

原产于日本，1992年引入我国。果实长圆形，果个大，单重300~350克，呈浓红色，着色全面，果实肉质良好，果汁多，富有香气。

TOP ⑲ 乔纳金苹果

果实圆锥形，底色绿黄或淡黄，阳面大部有鲜红霞纹和不明显的断续条纹。果面光滑有光泽，蜡质多，果点小。果肉乳黄色，肉质松脆，中粗，汁多，风味酸甜，稍有香气。

TOP ⑳ 印度青苹果

成熟果实较大，有长圆、卵圆、扁圆形等。果面不平，有不明显的棱起，稍粗糙，光泽少，全面浅绿色，微黄，圆形或不规则形，锈褐色，周边有青白色晕。

梨

甘甜怡人的滋润之果

梨，蔷薇科梨属植物，多年生落叶乔木果树。梨分布在华北、东北、西北及长江流域各省。其种类和品种群极多，我国是梨属植物的中心发源地之一，亚洲梨属的梨大都源于亚洲东部，日本和朝鲜也是亚洲梨的原始产地。

学名：Pyrus spp
分类：蔷薇科梨属
原产地：亚洲梨属的梨大都源于亚洲东部

果：一般梨的颜色为外皮呈现出金黄色或暖黄色，里面果肉则为通亮白色。

味：鲜嫩多汁，口味甘甜，核味微。

营养与功效

梨味甘、微酸，性凉，入肺、胃经，具有生津、润燥、清热、化痰、解酒的作用；可用于热病伤阴或阴虚所致的干咳、口渴、便秘等症，也可用于内热所致的烦渴、咳喘、痰黄等症。

选购妙招

优质的梨子应该是大小适中，果形端正，光泽鲜艳，无霉烂、冻伤、虫和机械伤，并带有果柄，果皮薄细，这种梨子质量比较好。

储存方法

梨可摆在阴凉通风的角落保存。也可装在纸袋中，放入冰箱储存2~3天。放入冰箱之前不要清洗，否则易腐烂。不要和苹果、香蕉、木瓜等易腐烂的水果混放，否则易产生乙烯，加快氧化。

盛产期：7~10月

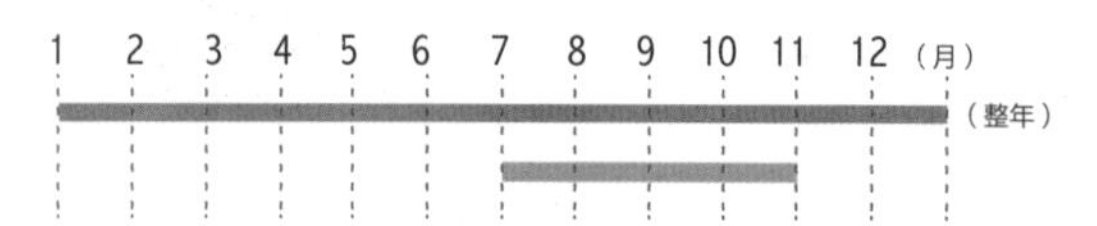

国产 · 输入

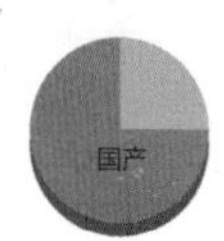

烹饪技巧

① 吃梨时喝热水、吃油腻食品会导致腹泻。

② 梨性寒凉，一次不要吃得过多。脾胃虚弱的人不宜吃生梨，可把梨切块煮水食用。

食用宜忌

梨属性凉多汁的水果，脾虚便溏、慢性肠炎、胃寒病、寒痰咳嗽或外感风寒咳嗽以及糖尿病患者忌食。

推荐食谱

润肺百合蒸雪梨

原料：

雪梨 2 个，鲜百合 30 克，蜂蜜适量

做法：

❶ 将洗净去皮的雪梨从四分之一处切开。

❷ 掏空果核，制成雪梨盅。

❸ 装在蒸盘中，填入洗净的鲜百合，淋上蜂蜜，待用。

❹ 备好电蒸锅，烧开水后放入蒸盘。

❺ 盖上盖，蒸约 15 分钟，至食材熟透。

❻ 断电后揭盖，取出蒸盘，稍微冷却后即可食用。

品种群

TOP❶ 西洋梨

又称秋洋梨、洋梨、葫芦梨，香港俗称啤梨。果实倒卵形或近球形，长 3~5 厘米，宽 1.5~2 厘米，绿色、黄色，稀带红晕，具有斑点，萼片宿存。果期 7~9 月。

TOP❷ 鸭梨

果实外形美观，梨梗部凸起，状似鸭头。果实中大，一般单果重 175 克。汁多无渣，酸甜适中，清香绵长，脆而不腻，素有“天生甘露”之称。

TOP❸ 贡梨

贡梨果实硕大，黄亮美观，皮薄多汁，味浓甘甜，水分非常多，生吃可清六腑之热，熟吃可滋五脏之阴。贡梨以砀山所产的最为出名，乾隆当年降下圣旨，封砀山梨为贡品。

TOP❹ 中华玉梨

中华玉梨果实大，平均单果重 300 克，果实大小整齐，果面光滑洁净，果皮黄绿色，外观似鸭梨。果皮绿黄色，果面光洁，套袋果洁白如玉，外观极美。果肉乳白色，肉质细嫩酥脆。

品种群

TOP 5 圆黄梨

果实大，平均果重250克左右，果形扁圆，果面光滑平整，果点小而稀，无水锈、黑斑。成熟后金黄色，不套袋果呈暗红色，果肉为透明的纯白色，肉质细腻多汁，酥甜可口，并有奇特的香味，品质极上。

TOP 6 香梨

香味浓郁、皮薄肉细、汁多甜酥、清爽可口，系梨之上品。香梨以库尔勒香梨产量大，质量好，在国际市场上被誉为“中华蜜梨”“梨中珍品”“果中王子”等。

TOP 7 黄梨

黄梨有“梨中之王”的美称。晚秋黄梨果形扁圆硕大，不但醇香宜人、甜酸适口、汁多爽脆，而且含有丰富的蛋白质和脂肪。个大，味浓，水分大，果形整齐均匀，果实爽脆，味浓可口，耐贮存。色泽鲜亮。

TOP 8 砀山酥梨

果大核小、黄亮形美、皮薄多汁、酥脆甘甜。果实近圆柱形，顶部平截稍宽，平均单果重250克，大者可达1000克以上。果皮为绿黄色，贮后为黄色，果点小而密。果心小，果肉白色，酥脆汁多，味浓甜，有石细胞。

TOP 9 雪花梨

果肉洁白如玉，似雪如霜，又因梨花洁白无瑕，酷似雪花，故得名，有“大如拳，甜如蜜，脆如菱”之美誉。果实个大、体圆、皮薄、肉厚、色佳、汁多、味香甜，被誉为“中华名果”“天下第一梨”。

TOP 10 巴梨

果实较大，果面深绿色，凹凸不平。采收时果皮黄绿色，贮后黄色，阳面有红晕。弱树红晕明显，果面也较光滑。果肉乳白色，采后经1周左右后熟最宜食用。果肉肉质柔软，易溶于口，石细胞极少，多汁。

TOP 11 丰水梨

品质上等，平均单果重240克，最大单果重750克，果实扁圆形，有2~3条缝合线，多汁，口感极佳，成熟颜色为红褐色，套袋果金黄色，半透明状，成熟期为8月份。丰水梨为出口创汇最理想产品。

TOP 12 绿宝石梨

早熟品种群，果实圆形或扁圆形，果形整齐，略偏斜。果皮黄绿，较美观，果肉黄白色，肉质细，汁多，石细胞少。味极甜，是日韩梨最甜的一个品种群，品质极上等。

TOP ⑬ 黄金梨

果实近圆形或稍扁，平均单果重 250 克。不套袋果的果皮黄绿色，贮藏后变为金黄色。套袋果的果皮淡黄色，果面洁净，果点小而稀。果肉白色，肉质脆嫩，多汁，石细胞少，果心极小，风味甜。

TOP ⑭ 水晶梨

果实为圆球形或扁圆形。果皮近成熟时乳黄色，表面晶莹光亮，有透明感，外观诱人。果肉白色，肉质细腻，致密嫩脆，汁液多，石细胞极少，果心小，味蜜甜，香味浓郁，品质特优。

TOP ⑮ 黄冠梨

果实椭圆形，个大，平均单果重 235 克，最大果重 360 克。果皮黄色，果面光洁，果点小、中密。果心小，果肉洁白，肉质细腻，松脆，石细胞及残渣少。风味酸甜适口，并具浓郁香味。

TOP ⑯ 京白梨

果实呈扁圆形，平均单果重 110 克，大果重可达 200 克以上。果皮黄绿色，贮藏后变为黄白色，果面平滑有蜡质光泽，果点小而稀。果肉黄白色，肉质中粗而脆，石细胞少，经后熟，果肉变细软多汁，易溶于口，香甜宜人。

TOP ⑰ 香水梨

香水梨又名香水、老香水、老梨、软儿梨、消梨。果实呈圆形，单个直径 4~6 厘米，个体重 130 克左右。

TOP ⑱ 沙梨

又称金珠果、麻安梨。花白色，果实圆锥形或扁圆形，赤褐色或青白色。

TOP ⑲ 秋梨

又叫酸梨，学名安梨，分布于河北燕山一带和东北。果实约200克，扁圆形，成熟时比较酸，有点淡淡的甜。耐储运，以前多为冬季水果比较稀少时吃，经过几个月的储存，果实变软，酸味降低，口感变好。

罗汉果

学名：Siraitia grosvenori
分类：葫芦科罗汉果属
原产地：中国广西

药食两用的“神仙果”

罗汉果别名拉汗果、假苦瓜、光果木鳖、金不换、罗汉表、裸龟巴，被人们誉为“神仙果”。主要产于广西壮族自治区桂林市，是桂林名贵的土特产，也是国家首批批准的药食两用材料之一，其主要功效是止咳化痰。

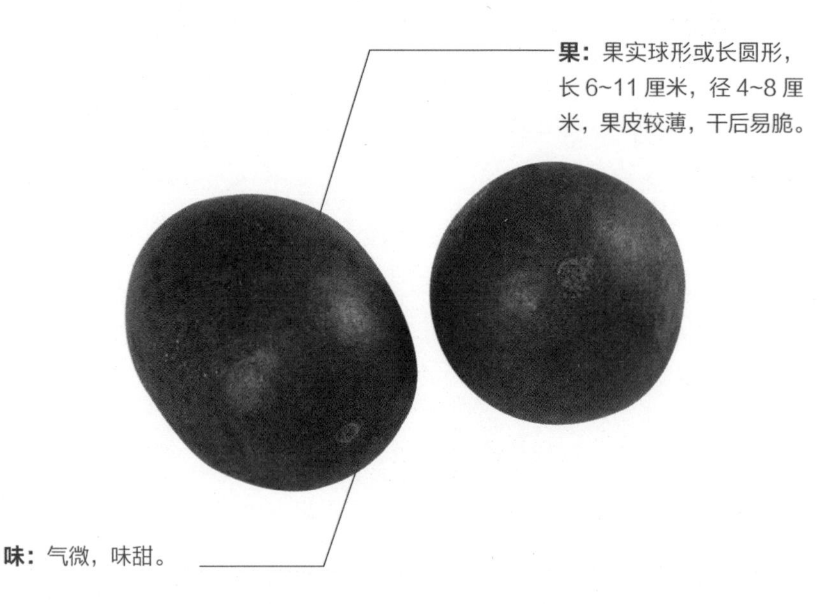

果：果实球形或长圆形，长6~11厘米，径4~8厘米，果皮较薄，干后易脆。

味：气微，味甜。

营 营养与功效

罗汉果具有润肺止咳、生津止渴、润肠通便的功效，是糖尿病、肥胖等不宜吃糖者的理想替代果实；含丰富的维生素C，有抗衰老、抗癌及益肤美容的作用；还有降血脂及减肥作用。

选 选购妙招

形状是好看饱满的椭圆形；表面颜色是很均匀的浅黄到深褐，表面没有黑斑；把罗汉果掂在手中，觉得很轻巧，表面绒毛很明显。

储 储存方法

新鲜罗汉果切开了尽可能在24小时内食用，以保证罗汉果的营养及口感。

盛产期：9~11月

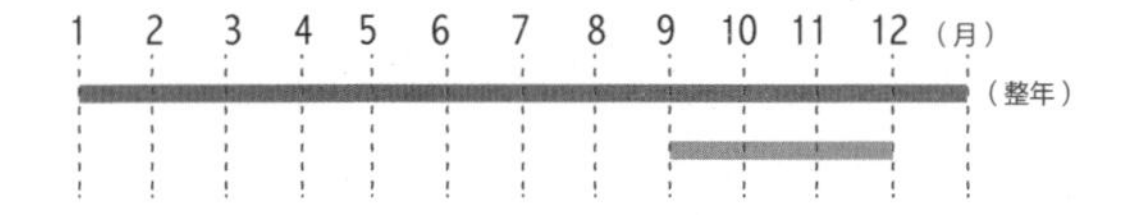

国产 · 输入

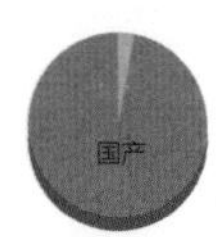

烹 烹饪技巧

① 罗汉果可做果茶、粥、汤。

② 鲜果可生吃，一次吃半个足矣；干果多用来泡果茶、煲肉汤，也可用来熬粥。

食用宜忌

罗汉果太甜，容易伤脾胃。罗汉果如用太阳晒干可以代茶饮，但不能长期代茶。如果是烘干，喝多了会上火。

食 推荐食谱

罗汉果银耳炖雪梨

原料：

罗汉果 35 克，雪梨 200 克，枸杞、冰糖各 15 克，银耳 120 克

做法：

❶ 砂锅中注入适量清水烧开，放入洗好的枸杞、罗汉果。

❷ 倒入切好的雪梨丁，放入银耳。

❸ 揭盖，放入适量冰糖，拌匀，略煮片刻，至冰糖溶化。

❹ 关火后盛出煮好的糖水，装入碗中即可。

品种群

TOP ❶ 长滩果

原产于广西永福县长滩沿河两岸，是目前栽培品种群中品质最好的。果实为长椭圆形或卵状椭圆形，果皮细嫩，有稀柔毛，果顶端略凹陷，果皮有明显的细纹脉。

TOP ❷ 拉江果

又名拉江籽，是广西永福县果农用长滩果的实生苗培育而成。其果实为椭圆形、长圆形或梨形，适应性广，品质好。

TOP ❸ 冬瓜果

本品种群植株生长健壮，果实长，圆柱形，两端齐平，形似冬瓜，种子瓜子形。果实密被柔毛，产量好，适应种植在低矮山区。

TOP ❹ 茶山果

原野生于油茶林中，通过人工栽培而成。

仁

果类

海棠果

学名：Calophyllum inophyllum L.

分类：蔷薇科苹果属

原产地：中国华北地区

酸甜香脆的“小苹果”

海棠果是海棠树的果实，侧膜胎座目，蔷薇科乔木，树皮厚，灰褐色或暗褐色，有纵裂缝，创伤处常渗出透明树脂。中国河北怀来盛产，其他北方地区多有种植，海南、台湾、云南也有。

果：果皮色泽鲜红夺目，果肉黄白色，果香馥郁，鲜食酸甜香脆。

味：果实样子酷似小苹果，口感酸甜可口。

营 营养与功效

海棠含有糖类、多种维生素及有机酸，可帮助补充人体的细胞内液，从而具有生津止渴的效果；维生素、有机酸及氨质含量较为丰富，能帮助胃肠对食物进行消化，故可用于治疗消化不良、食积腹胀之症；能够治疗泄泻下痢、大便溏薄等病症。

盛产期：8~9月

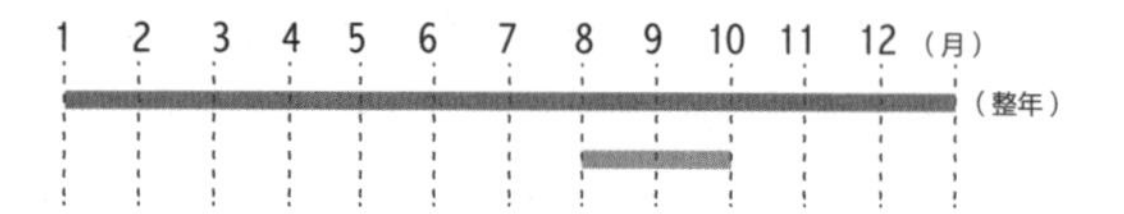

国产 · 输入

选 选购妙招

挑选大小匀称、颜色均匀的海棠果为佳。

储 储存方法

放在陶制容器中或用保鲜袋包好放进冰箱。

食用宜忌

海棠果果核中含有氢氰酸，果肉里并没有。吃海棠果时习惯嚼到果核，虽不会马上导致中毒，但长期这样吃，会对健康产生不利影响。

烹 烹饪技巧

果实除生食外，还可酿酒，做蜜饯、果酱、果醋、果酒、果丹皮。

食 推荐食谱

海棠派

原料：

海棠果 450 克，黄油 160 克，鸡蛋 2 个，面粉 60 克，白砂糖 55 克，盐、肉桂粉、柠檬汁各适量

做法：

❶ 面粉过筛，鸡蛋打在面粉中间，加盐和 100 克黄油。

❷ 把材料混合在一起，加水揉成面。

❸ 擀成派皮，用保鲜膜包起来，放入冰箱冷藏 20 分钟。

❹ 海棠果切薄片，加 50 克白砂糖、柠檬汁、水炒一下。

❺ 烤箱预热 180 ℃，把面皮烤 15 分钟，填上海棠果，涂上黄油，加 5 克白砂糖，烤 30 分钟，趁热撒上肉桂粉。

仁

果类

枇杷

学名：Eriobotrya japonica (Thunb.) Lindl

分类：蔷薇科枇杷属

原产地：中国东南部

叶如琵琶的枇杷果

枇杷，别名芦橘、金丸、芦枝、炎果、焦子，蔷薇科枇杷属植物，原产于中国东南部，因叶子形状似琵琶乐器而名，其花可入药。

营 营养与功效

成熟的枇杷味道甜美，营养颇丰，含有各种果糖、葡萄糖、钾、磷、铁、钙以及维生素A、B、C等，当中胡萝卜素的含量在水果中为第三位。中医认为枇杷果实有润肺、止咳、止渴的功效。枇杷不论是叶、果和核都含有扁桃苷。吃枇杷时要剥皮。

盛产期：5~6月

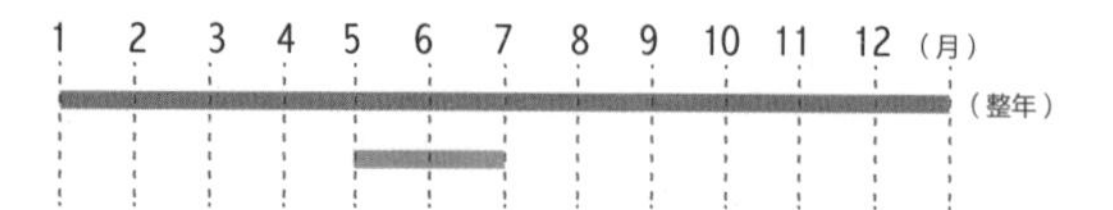

国产 · 输入

选 选购妙招

枇杷表面一般都会有一层茸毛和浅浅的果粉，茸毛完整、果粉保存完好的说明比较新鲜。此外，中等大小的枇杷果实，口感会更好一些。颜色越深的枇杷成熟度越好，口感也更甜；而色彩淡黄、发青，果肉硬、果皮不容易剥开，都是不成熟或非正常成熟的枇杷。

储 储存方法

枇杷如果放在冰箱内，会因水汽过多而变黑，储存在干燥通风的地方即可。

食用宜忌

孕妇不可多食；糖尿病患、脾虚便溏者慎用；未成熟的枇杷不可食用。

烹 烹饪技巧

① 取鲜枇杷 50 克，加冰糖 5 克，熬半小时，对于扁桃体发炎引起的咽喉红肿疼痛特别有效。

② 枇杷叶可晾干制成茶叶，有泄热下气、和胃降逆之功效，为止呕之良品，可辅助治疗各种呕吐呃逆。

食 推荐食谱

红枣酿枇杷

原料：

枇杷 120 克，红枣 25 克，蜜枣 30 克，糖桂花 15 克，白糖、水淀粉各适量

做法：

❶ 枇杷去除头尾，对半切开，去皮制成枇杷盏，待用。
❷ 红枣切开去核，果肉切碎；蜜枣切取果肉，切碎待用。
❸ 取一个小碗，倒入红枣、蜜枣，加白糖搅匀，制成馅。
❹ 取蒸盘放入枇杷盏，填入馅料，用中火蒸约 15 分钟。
❺ 锅中注水烧开，倒入糖桂花、白糖，中火煮至溶化。关火后盛出味汁，浇在枇杷盏上即可。

品种群

TOP ❶ 普通枇杷

普通枇杷果大，橙红色或橙黄色。种子2~6粒。各栽培品种群均属木种。特点是冬花夏果。原生种分布于陕西、湖北、四川等地。

TOP ❷ 杭州塘栖枇杷

塘栖枇杷主产于杭州市余杭区塘栖镇，果形美观，色泽金黄，果大肉厚，汁多味甜，甜酸适口，风味较佳，营养丰富。

TOP ❸ 歙县三潭枇杷

安徽三潭枇杷久负盛名，历史上是贡品。果实近球形或长圆形，黄色或橘黄色， 外有锈色柔毛，后脱落，果实大小形状因品种群不同而异。

TOP ❹ 台湾枇杷

台湾枇杷又称赤叶枇杷，原产于台湾恒春。叶薄，果小，圆形，10月成熟，味甜可食，有治热病功效，耐寒力弱。其特点是夏花秋果。台湾、广东有分布。

TOP ❺ 南亚枇杷

南亚枇杷又称云南枇杷、光叶枇杷，云南及印度北部有原生种。 果小，椭圆形，种子1~2粒。特点是冬花夏果。

TOP ❻ 大花枇杷

大花枇杷在四川西部有原生种。果较大，近圆形，橙红色，光滑。 种子1~2粒。分布于四川、贵州、湖北、湖南、江西、福建。特点是春花秋果。

TOP ❼ 栎叶枇杷

栎叶枇杷产于云南蒙自及四川西部。果小，卵形，肉薄可食，独核。果实卵形至卵球形，直径6~7毫米，暗褐色。花期9~11月，果期4~5月。生于河旁或湿润的密林中，海拔800~1700米。

TOP ❽ 怒江枇杷

怒江枇杷产于云南怒江沿岸。果实球形，直径约15毫米，肉质，具颗粒状凸起，基部和顶端全有棕色柔毛。花期4~5月，果期6~8月成熟。特点是春花秋果。

TOP ❾ 洛阳青

国内著名品种群。平均果重32克，高产，但果实酸度大， 果形偏小，外观欠佳，商品性能差，以加工食用为主。

TOP ❿ 白沙枇杷

又叫白玉枇杷，是我国特有的品种群。果肉细嫩、皮薄汁多，并富含多种营养成分，是上乘的保健水果。 品质较佳，果个偏小，平均果重25~30克，过熟后风味变淡。一般于5月底至6月上旬成熟。

TOP ⓫ 早五星

有“早熟枇杷之王”的美誉，成都科技人员从实生树中选出。 平均果重66克，极早熟，在成都地区一般在4月10日左右成熟，比晚五星早熟20天左右，其他性状与晚五星基本相同。该品种群苗木数量极少，十分珍贵。

TOP ⓬ 晚五星

又叫红灯笼，是晚熟枇杷之王，果实卵圆形或近圆形，极大，平均果重65克。果皮橙红色，果面无锈斑或极少，果粉中厚，鲜艳美观。果肉橙红色，肉极厚，肉质细嫩，汁液特多，风味浓甜。

仁 果类

山竹

学名：Garcinia mangostana L.
分类：藤黄科藤黄属
原产地：马鲁古

幽香气爽的热带名果

山竹又叫莽吉柿、山竺、山竹子、倒捻子。原产于马鲁古，亚洲和非洲热带地区广泛栽培，中国台湾、福建、广东和云南也有引种或试种，为著名的热带水果。

营 营养与功效

山竹含有一种特殊物质，具有降燥、清凉解热的作用，这使得山竹能克榴莲之燥热。山竹含有丰富的蛋白质和脂类，对机体有补养作用，对体弱、营养不良、病后都有很好的调养作用。

选 选购妙招

挑选时要注意果蒂下面叶瓣的颜色，颜色越绿说明越新鲜，如果变褐色、变黑，说明不新鲜。用大拇指轻轻按一下，如果按下去的地方能马上恢复，说明是新鲜的。

储 储存方法

山竹极易变质，若想放得长一些，就一定要保证低温少氧。一般情况下，热带水果是不能放在冰箱里贮存的，可山竹却不一样，应该放在冰箱里冷藏。

盛产期：5~9月

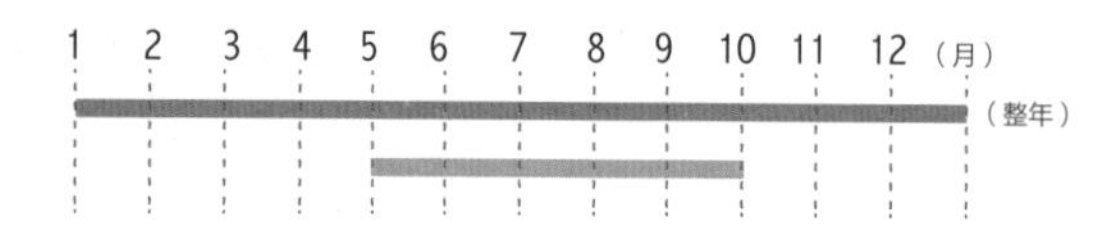

国产・输入

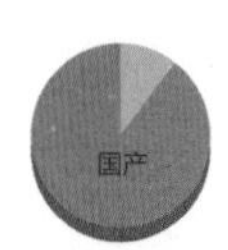

烹 烹饪技巧

食用方法一般为压破掰开。剥果壳时必须小心翼翼，注意不要将紫色或红色的果壳汁液染在肉瓣上，因为它会影响口味，沾到衣服上也极难洗净。

食用宜忌

肥胖者及肾病、心脏病患者少吃；糖尿病患者忌食。每天最多吃 3 个山竹，过多会引起便秘。

食 推荐食谱

胡萝卜山竹柠檬汁

原料：

山竹 200 克，去皮胡萝卜 160 克，柠檬 50 克

做法：

❶ 洗净的柠檬切瓣，去皮。
❷ 洗净去皮的胡萝卜切成块。
❸ 山竹去柄，切开去皮，取出果肉，待用。
❹ 备好榨汁机，倒入山竹、胡萝卜块、柠檬。
❺ 倒入适量的凉开水，榨取蔬果汁。
❻ 打开盖，将榨好的蔬果汁倒入杯中即可。

品种群

TOP ❶ 印度山竹

印度山竹果呈圆形，个儿比网球略小，皮既硬又厚，多呈现出紫红色。我们看果皮拱起来的部分有几瓣，便知道里面的果肉有几瓣，用刀剖开果皮便会露出雪白的果肉。

TOP ❷ 泰国山竹

果实大小如柿，果形扁圆，壳厚硬呈深紫色，由 4 片果蒂盖顶，酷似柿样。果壳甚厚，较不易损害果肉。果皮又硬又实。

TOP ❸ 多花山竹

浆果卵形近球形，长约 3.5 厘米，青黄色，味酸可食，故又称“山橘子”。其生于山地林中，分布于江西、福建、台湾、广东、广西和云南等省区。

TOP ❹ 岭南山竹

浆果近球形状，熟时青黄色，长约 3 厘米，基部有宿萼。食用后粘牙，染为黄色，故又称为“黄牙果”。生于山脚平地、林间、丘陵及湿润肥沃的地方。

山楂

学名：Crataegus pinnatifida Bunge
分类：蔷薇科山楂属
原产地：黑龙江、吉林等地

增进食欲的红色珍果

山楂，花白色，果实近球形，红色，味酸甜，有很高的营养和医疗价值，是我国特有的药果兼用树种。常吃山楂制品能增强食欲，改善睡眠，保持骨和血中钙的恒定，预防动脉粥样硬化，故被视为“长寿食品”。

果：果可生吃或作果脯果糕，干制后可入药，是中国特有的药果兼用树种。

味：核质硬，果肉薄，味微酸涩。

营养与功效

具有防治心血管疾病、降低血压和胆固醇、软化血管、利尿和镇静的作用；开胃消食，消肉食积滞；有活血化瘀的功效，含有平喘化痰、抑制细菌、治疗腹痛腹泻的特殊成分。

选购妙招

山楂扁圆的偏酸，近似正圆则会比较甜。山楂表皮上多有点，果点密而粗糙的酸，小而光滑的甜。果肉呈白色、黄色或红色的甜；绿色的酸。软而面的甜；硬而质密的偏酸。

储存方法

放在陶制容器中或用保鲜袋包好放进冰箱。

盛产期：9 月中旬 ~10 月中旬

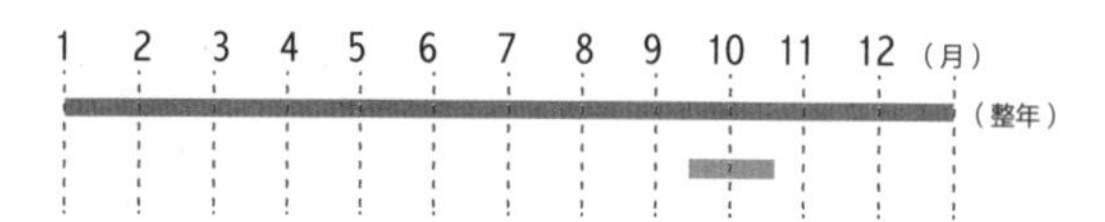

国产 · 输入

烹 烹饪技巧

① 山楂味酸，加热后会变得更酸。

② 山楂有帮助消化的作用，再拌上同样清爽的白菜心，特别适合食积不化、脂肪堆积者食用。

③ 山楂用水煮一下可以去掉一些酸味。

食用宜忌

山楂味酸，加热后会变得更酸，食用后应立即刷牙，否则不利于牙齿健康。孕妇忌食山楂，以免诱发流产。

食 推荐食谱

山楂决明菊花茶

原料：

菊花 25 克，干山楂 25 克，熟决明子 30 克，蜂蜜 25 克

做法：

❶ 取一碗，放入菊花，倒入温水，浸泡片刻。

❷ 捞出泡好的菊花，沥干水分，装入盘中备用。

❸ 砂锅中注入适量清水烧开，倒入备好的干山楂、菊花、熟决明子，拌匀。

❹ 加盖，大火煮 5 分钟至析出有效成分。

❺ 关火后焖 5 分钟至入味即可。

品种群

TOP ❶ 野山楂

梨果球形或梨形，红色或黄色，直径 1~2 厘米，宿萼较大，反折。果实较小，类球形，山楂果表面棕色至棕红色，并有细密皱纹，基部有果梗或已脱落。质硬，果肉薄，味微酸涩。

TOP ❷ 粉口山楂

果实呈圆形，阳面朱红色，阴面红色，果实表面有光泽，果点大而稀疏，果肉紫色或粉色，组织细密，风味突出。

TOP ❸ 红肉山楂

果实圆形，色泽鲜红，果面带有果锈，果皮略粗；果点小，呈灰褐色，果肉血红或粉红色，质地松软，风味优异，是加工果汁和果酱的优良品种。

TOP ❹ 敞口山楂

果实略呈扁平形，果皮大红色，有蜡光。果点小而密。梗洼中深而广。果顶宽平，具 5 棱。萼筒倒圆锥形，深陷，筒口宽敞，故称“敞口”。果肉白色，少数浅粉红色，肉质糯硬，味酸甜。

品种群

TOP 5 磨盘山楂

果实扁圆形，个大，最大单果重 14.2 克。果皮深红色，果点较多，黄褐色。果肉粉红、较硬，味酸，果实耐贮藏。

TOP 6 大金星山楂

果实扁球形，个大，紫红色，具蜡光。果点圆，锈黄色，大而密。果顶平，显具 5 棱。萼片宿存，反卷。

TOP 7 面楂

面楂是河北农家品种。果实阔倒卵圆形，平均单果重 7.8 克。果皮阳面大红或深红色，阴面粉红色。果肉黄白色，甜酸适口，肉质松软，可食率 85%。果实品质上等，适于鲜食、加工和入药。

TOP 8 绿肉山楂

果实近球形，成熟后黑色，具有绿色果肉，未成熟时红色。小核 4~5 枚，内面两侧有凹痕。花期 6~7 月，果期 8~9 月。

TOP 9 湖北山楂

果实近球形，直径 2.5 厘米，深红色，有斑点，萼片宿存，反折。小核 5 枚，两侧平滑。花期 5~6 月，果期 8~9 月。

TOP 10 云南山楂

果实扁球形，直径 1.5~2 厘米。黄色或带红晕，有稀疏褐色斑点。小核 5 枚，内面两侧平滑，无凹痕。花期 4~6 月，果期 8~10 月。

TOP 11 甜口山楂

外表呈粉红色，个头较小，表面光滑，食之略有甜味。

TOP 12 歪把红

顾名思义，在其果柄处略有凸起，看起来像是果柄歪斜，故而得名。歪把红山楂单果比一般山楂大，2001 年起市场上的冰糖葫芦主要用它作为原料。

Chapter 5

瓜类

瓜类水果是西瓜、香瓜、哈密瓜、木瓜等的总称，是超市果品经营的重要组成部分。这些水果，时令及地域性强，水分多，可食部分香甜，但不易贮藏。香甜可口，美味多汁，尤其在夏季高温季节，食之凉爽解渴，有利尿、散热的功效，同时含糖量高，维生素丰富，是非常实用的水果。

西瓜

学名：Citrullus lanatus
分类：葫芦科西瓜属
原产地：非洲

夏季瓜果之王

西瓜，一年生蔓生藤本，中国各地栽培，品种群甚多，外果皮、果肉及种子形式多样，以新疆、甘肃兰州、山东德州、江苏溧阳等地最为有名。其原种可能来自非洲，久已广泛栽培于世界热带、温带，金元时始传入中国。

果：果实大型，近于球形或椭圆形，肉质，多汁，果皮光滑，色泽及纹饰各式。

种子多数，卵形，黑色、红色，两面平滑，基部钝圆，通常边缘稍拱起。花果期夏季。

营 营养与功效

西瓜有生津、除烦、止渴、解暑热、清肺胃、利小便、助消化、促代谢的功能，适宜于高血压、肝炎、肾炎、肾盂肾炎、黄疸、胆囊炎、水肿浮肿以及中暑发热，有治疗肾炎和降血压的作用。

选 选购妙招

看瓜底部，圆圈越小，而且瓜屁股是凸出的，表示是甜瓜；反之，瓜底部圆圈大而内凹的瓜不甜；瓜蒂新鲜又弯曲的，表示是新鲜采摘的甜瓜；瓜的纹路清晰，表皮光亮、光滑的是好瓜。

储 储存方法

保证西瓜的完整性。如果想储存西瓜，最好不要把它切开，否则容易损失掉维生素 C，容易变质。如果必须存储一半的西瓜，就用塑料袋把它紧紧裹起来，再放到冰箱里。

盛产期：8 月

1 2 3 4 5 6 7 8 9 10 11 12（月）

（整年）

国产 · 输入

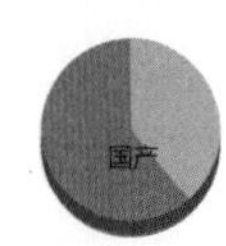

烹烹饪技巧

① 西瓜烹饪时间过长容易破坏营养。

② 西瓜和瓜皮的口味清爽，因此烹饪的时候不要加葱姜蒜之类的调料，会掩盖西瓜原有的清香。

③ 新鲜西瓜皮盐腌后可作小菜。

食用宜忌

糖尿病、肾功能不全、口腔溃疡患者忌吃西瓜；饭前饭后不宜立即吃西瓜；冰镇西瓜最好不要超过3小时。

食推荐食谱

西瓜棒冰

原料：

西瓜半个，猕猴桃 1 个

做法：

❶ 切开西瓜，挖出西瓜肉，用小勺稍微捣碎。

❷ 猕猴桃去皮切碎，放入冰棒模具垫底。

❸ 西瓜碎倒入过滤网里，边过滤边按压。

❹ 将过滤出的西瓜水倒入冰棍模具里。

❺ 盖上模具盖子，放入冰箱冷冻，冻硬就可以了。

品种群

TOP ❶ 早春红玉

早春红玉是杂交一代极早熟小型红瓤西瓜。春季种植，该品种外观为长椭圆形，绿底条纹清晰，瓤色鲜红，肉质脆嫩爽口，单瓜均重 2 千克，保鲜时间长。

TOP ❷ 黑美人

果实长椭圆形，果皮深黑绿色，有不明显条纹。夏季收获，皮色较浅，外观优美，果肉红色，肉质鲜嫩多汁，整瓜果实品质一致，果皮薄而坚韧。

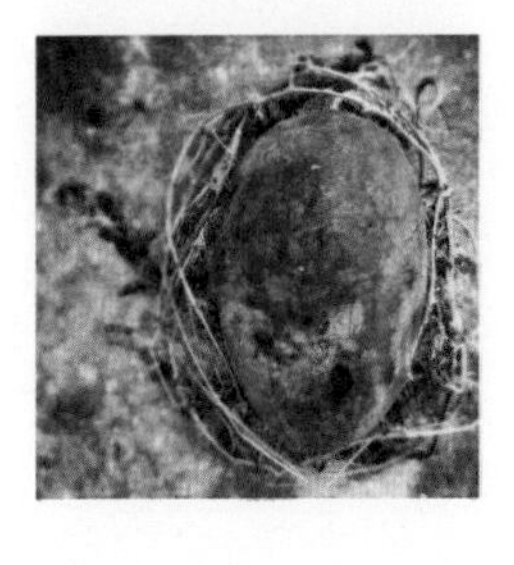

TOP ❸ 无籽西瓜

外形与普通西瓜差别不大，圆形，瓜瓤内没有籽。

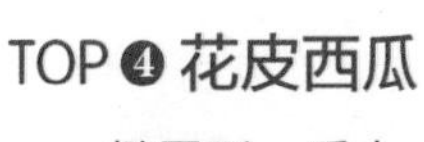

TOP ❹ 花皮西瓜

椭圆形，瓜大，瓜皮浅绿和深绿相间。

品种群

TOP ❺ 特小凤瓜

高球形至微长球形，果重1.5~2千克，外观小巧优美，果型整齐，果皮极薄。肉色晶黄，肉质极为细嫩脆爽，甜而多汁，纤维少，尤其靠皮部品质与心部同样甜美，品质特优。

TOP ❻ 蜜宝

圆球形，果皮墨绿，成熟时表面有蜡粉，瓤红色，肉质脆甜，多汁。

TOP ❼ 乐宝

圆形，果皮为深墨绿色，红瓤，质密而脆。

TOP ❽ 郑抗1号

早熟，果实椭圆形，绿色果皮上覆深墨绿宽条带。大红瓤，肉质细嫩多汁，品质极佳。平均单瓜重6~8千克，最大15千克以上。皮薄而韧，耐贮运。

TOP ❾ 郑抗2号

早熟，果实椭圆形，绿皮网纹，大红瓤，肉质脆沙，品质佳，平均单瓜重6~8千克，最大可达15千克以上。该品种群皮薄而韧，耐贮运。

TOP ❿ 特大郑抗2号

早熟，产量高。果实椭圆形，绿皮网纹，大红瓤，肉质脆沙，品质佳。果型大，平均单瓜重6~9千克，最大可达15千克以上。皮薄而韧，耐贮运。

TOP ⓫ 郑抗3号

早熟，果实椭圆形，绿色果皮上覆墨绿锯齿条带。大红瓤，肉质细脆多汁，品质极佳。平均单瓜重6~8千克，最大15千克以上。皮薄而韧，耐贮运。

TOP ⓬ 特大郑抗3号

果实椭圆形，绿色果皮上覆墨绿锯齿条带。大红瓤，肉质细脆多汁，口感风味好，品质佳。平均单瓜重7~9千克，最大15千克以上。皮薄而韧，耐贮运。

TOP ⑬ 郑抗 6 号

极早熟，果实椭圆形，绿色果皮上覆墨绿锯齿条带。大红瓤，肉质脆沙，口感风味好，品质极佳。平均单瓜重5~8千克，最大可12千克以上。皮薄而韧，耐贮运。

TOP ⑭ 郑抗 7 号

极早熟，果实椭圆形，翠绿果皮上覆墨绿锯齿条带，条带清晰，外形美观。大红瓤，肉质脆沙，口感风味好，品质极佳。平均单瓜重6~8千克。

TOP ⑮ 郑抗 8 号

早熟，果实椭圆形，墨绿果皮。鲜红瓤，肉质脆沙，品质佳。平均单瓜重6 ~ 8千克，大果可达20千克以上。果薄而韧，耐贮运。

TOP ⑯ 特大新抗 9 号

中晚熟，高产。果实椭圆形，纯黑果皮。大红瓤，肉质脆沙，品质好，平均单瓜重8 ~ 12千克，大果可达15千克以上。果皮坚韧，极耐贮运。

TOP ⑰ 郑抗 10 号

特高产品种群。果实椭圆形，绿色果皮上覆墨绿锯齿条带。大红瓤，肉质脆沙，品质佳。平均单瓜重8~12千克，大果可达15千克以上。皮薄而韧，耐贮运。

TOP ⑱ 郑抗 13 号

早中熟，高产优质品种群。果实椭圆形，绿色果皮上覆墨绿锯齿条带。大红瓤，肉质细脆，品质极佳。皮薄而韧，耐贮运。

TOP ⑲ 郑抗巨丰

果实椭圆形，墨绿果皮上覆暗绿条带，有果粉，红瓤，肉质脆沙，品质好，平均单瓜重8~12千克，大果可达20千克以上，果皮坚韧，极耐贮运，抗病性强，适用性广。

TOP ⑳ 景丰宝

果实椭圆形，深绿色，花纹与新红宝不同，纯红瓤，单瓜重10~12千克。

类

哈密瓜

学名：Cucumis melo var. saccharinus
分类：葫芦科甜瓜属
原产地：中国新疆

美白防晒的黄金瓜

哈密瓜又名雪瓜、贡瓜，是一类优良的甜瓜品种群，果圆形或卵圆形，出产于新疆。味甜，果实大，以哈密所产最为著名，故称为哈密瓜。

果：果实为球形或长椭圆形，果皮平滑，有纵沟纹，或斑纹，无刺状凸起，果肉白色、黄色或绿色，有香甜味。

味：含糖量高，味道甜美。

营 营养与功效

中医认为，甜瓜类的果品性质偏寒，具有疗饥、利便、益气、清肺热止咳的功效，适宜于肾病、胃病、咳嗽痰喘、贫血和便秘患者。

选 选购妙招

挑瓜时可以用手摸一摸，如果瓜身坚实微软，成熟度就比较适中。如果太硬则不太熟，太软就是成熟过度。瓜瓤为浅绿色的，吃时发脆；如是金黄色的，吃上去发粘；白色柔软多汁。

储 储存方法

当放入冰箱冷藏室时，哈密瓜的保存期限在5个月左右。天气过于炎热时，保存期限在2天左右。

盛产期：3~11月

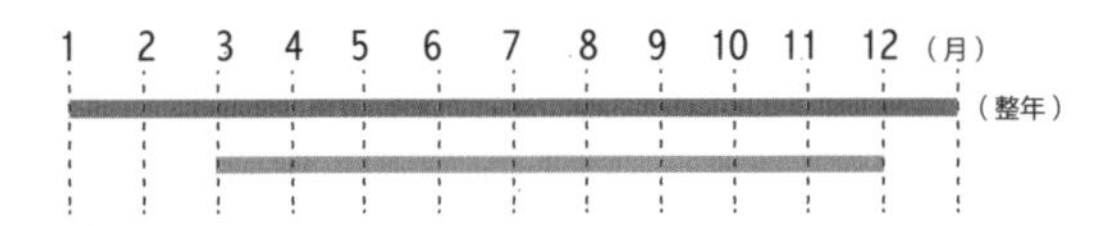

国产 · 输入

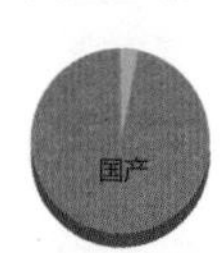

烹烹饪技巧

① 一般平常把瓜皮削了，切开整瓜，将中间的籽去掉，再切成块或片就可以直接吃了。嫌脏的话用水泡泡即可食用。

② 也可以做成甜品。

食用宜忌

哈密瓜性凉，不宜吃过多，以免引起腹泻。患脚气病、黄疸、腹胀以及产后、病后的人不宜多食。

食推荐食谱

鲜果沙拉

原料：

橘子 30 克，苹果 40 克，猕猴桃 30 克，樱桃 20 克，葡萄 25 克，哈密瓜 800 克，沙拉酱 15 克

做法：

❶ 去皮橘子切小块；猕猴桃切去头尾，去皮，切小块。

❷ 苹果切瓣，去核，去皮，再切成小块。

❸ 哈密瓜切除尾部，从三分之一处切开，挖去籽制成果盅。

❹ 将苹果、橘子、猕猴桃、葡萄、樱桃、哈密瓜果肉放入果盅，摆上备好的沙拉酱，蘸着食用即可。

品种群

TOP ❶ 香妃瓜

适合各地栽培的哈密瓜，为新疆“红心脆”改良品种群，保持了“红心脆”肉质脆嫩品质。果实纺缍形，果皮黄绿色，果面有稀疏网纹，果重约 2 千克，肉厚淡橙色。

TOP ❷ 洋香瓜

洋香瓜原系台湾名产，因甜度高、口味香，素有“香瓜王”的美誉。瓜形椭圆，果皮淡黄白色，高球形，网纹细美，外观秀丽。

TOP ❸ 网纹瓜

果实呈圆球形，顶部有新鲜绿色果藤。果皮翠绿，带有灰色或黄色条纹，酷似网状，故名。口感似香梨，脆甜爽口，散发出清淡怡人的混合香气。

TOP ❹ 豫甜香

新育成的早熟网纹哈密瓜类型品种，糖度可超过 18%，瓤质脆甜，单瓜重 1.5~2.5 千克，外形美观。该品种的选育填补了中原地区没有合适哈密瓜品种种植的空白。

品种群

TOP 5 卡拉克赛

果形长椭圆，单瓜重5.6千克，正宗品种群果面墨绿色，亮而光，无网纹。果皮薄而硬韧，果肉橘红色，肉厚4.5厘米，肉质细脆，松紧适中，清甜爽口，汁液中等，风味居上。

TOP 6 红蜜宝

成熟时果柄不脱落，果面黄色，覆有不明显的绿色条带，网纹中粗，密布全瓜，果肉橘红色，肉质松脆，多汁味甜，皮质较硬。

TOP 7 金蜜宝

果实果形为椭圆形，果皮充分成熟后为金黄色，光滑或有时现极少量的较细网纹，易形成离层脱落，瓜脐直径约1厘米。果肉橙色，肉厚约3.2厘米，肉质结实，味浓香，品质风味优良。

TOP 8 早黄蜜宝

长椭圆形，果型整齐，无裂瓜，纵径27.3厘米，横经15.4厘米，果皮黄底，有较不明显的绿断条，网纹细密均匀，果皮厚0.6厘米。果肉浅橙色，肉质松脆，有清香味，口感较好。

TOP 9 红心脆哈密瓜

果实椭圆形，果重3~4千克，皮色灰绿，有青色斑点，果柄处布有粗网纹。肉浅橙色，肉质细嫩，汁如蜜糖。

TOP 10 黑眉毛蜜极甘哈密瓜

因其瓜皮布有状如秀眉的深色条纹而得名。瓜肉色绿，质软汁多，芳香浓郁。

TOP 11 网纹香哈密瓜

高糖品种群，瓜皮满布细密的网纹，肉绿白色，质脆香甜，含糖量极高，达22%。

TOP 12 东方蜜3号

果实椭圆形，白皮带细纹，单果重2千克左右，果肉淡橘红色，果肉厚3.5~4厘米，肉质松脆细腻，口感风味佳。

木瓜

学名：Chaenomeles sinensis (Thouin)Koehne
分类：蔷薇科木瓜属
原产地：中美洲之热带区域

健康美颜的万寿瓜

木瓜，灌木或小乔木，产于山东、陕西、湖北、江西、安徽、江苏、浙江、广东、广西。果实长椭圆形，长 10~15 厘米，暗黄色，木质，味芳香，果梗短。花期 4 月，果期 9~10 月。

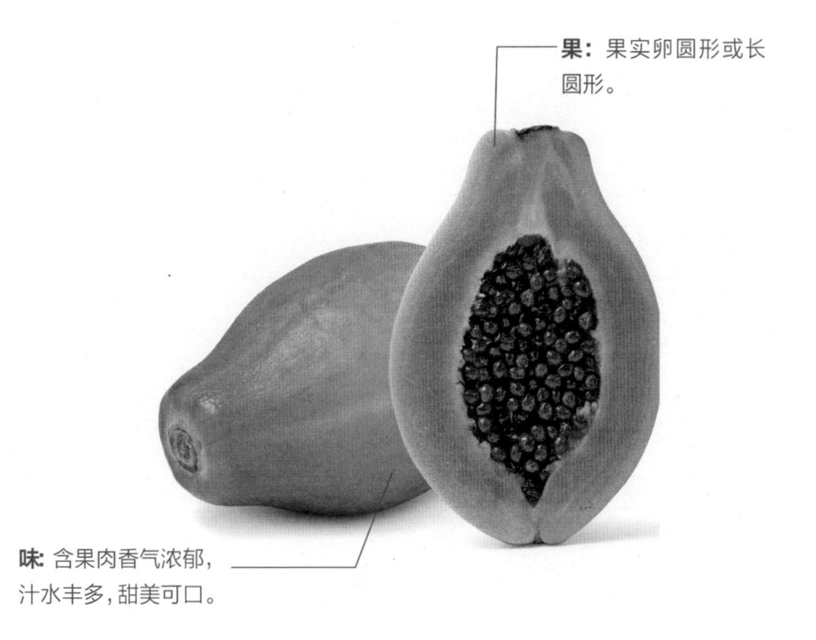

营养与功效

木瓜所含的蛋白分解酵素，可以补偿胰和肠道的分泌，补充胃液的不足，有助于分解蛋白质和淀粉。木瓜含有胡萝卜素和丰富的维生素 C，它们有很强的抗氧化能力，帮助机体修复组织。

选购妙招

选木瓜时应选择短椭圆形的，如果是马上吃的话可选择颜色是黄色的，体型越胖越好，用手指轻按有软软的感觉，这就是熟透了的木瓜，柔软汁水多。

储存方法

木瓜不宜在冰箱中存放太久，以免长斑点或变黑。

盛产期：9~10 月

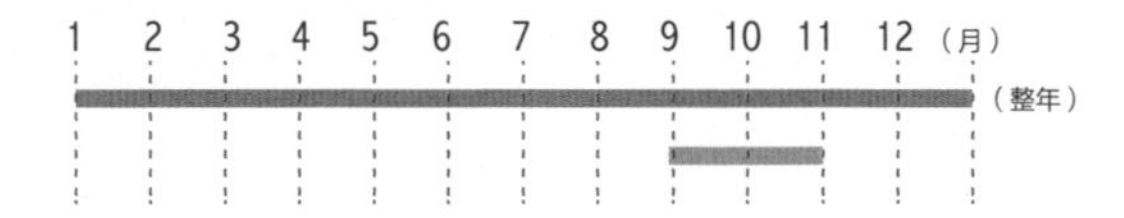

国产 · 输入

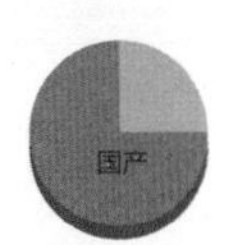

烹 烹饪技巧

木瓜可鲜吃，也可制成饮料、糖浆、果胶、冰淇淋、果脯、果干等。还可以做成菜肴：一种是用它来煮汤，清香微甜，十分鲜美；另一种吃法是将其切成细丝，放入醋、酱油、辣椒粉、味精等佐料凉拌生吃。

食用宜忌

木瓜不可与海鲜一起吃，可能会导致腹痛、头晕；与南瓜一起吃，会降低营养价值。

食 推荐食谱

蜂蜜木瓜汁

原料：

木瓜 1 个，蜂蜜适量，冰水适量

做法：

❶ 将木瓜去皮、去核，切块待用。

❷ 将切好的木瓜块放入榨汁机中。

❸ 榨汁机中再加入冰水、蜂蜜。

❹ 搅拌均匀，榨成汁状，倒入杯中即可。

品种群

TOP❶ 红铃番木瓜

该品种群平均单果重 2.2 千克。肉浅红色，品质好。两性果，雄性果长圆形，雌性果椭圆形。成熟时果皮橙黄色，果皮光滑，果肉浅红色。

TOP❷ 穗黄番木瓜

果实长圆形。单果重 0.8~1.3 千克，果肉厚 2.6 厘米，深橙黄色，肉质嫩滑，味甜清香，品质佳，是果蔬兼用的品种。

TOP❸ 香蜜红肉木瓜

杂交一代品种群，果长形或圆形。单果重 600~750 克，果实外形光滑，熟色深红，肉厚腔细，肉质嫩滑清甜，有独特的芳香味，品质特优。

TOP❹ 穗中红

由“岭南 6 号”和“中山种”杂交的后代“穗中”，再与“红肉”杂交而成的新品种，具有早结、丰产、优质等优点，是广州地区推广的优良品种之一。丰产，果大。

TOP❺ 岭南种

是目前木瓜品种群中具有矮干、早结、丰产特性的品种群。其两性株果形长，肉厚，单果较重，肉色橙黄、味甜，带桂花香味。

TOP❻ 中山种

主产于广东中山县。果大，两性花果实长圆形，肉厚，色淡，甜味淡，具有矮生、早熟、丰产的优点。

TOP❼ 蓝茎

果长圆形，个大，平均果重 2~4 千克，果肉厚，橙黄色，味甜。

TOP❽ 泰国红肉

为近年引进的品种群。果成熟时为黄红色，果肉厚，红色，肉质滑，味清甜。产量中等，为优良品种群之一。

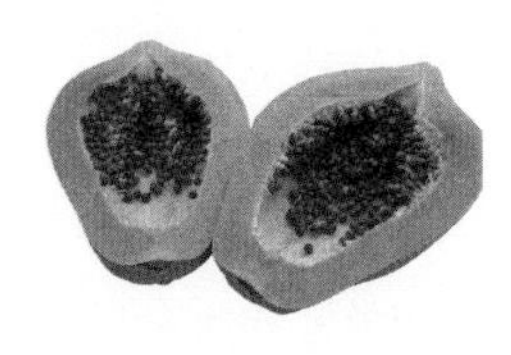

TOP❾ 墨西哥黄肉

由墨西哥引入。果大，单果重 1.5~2 千克，果肉黄色，质滑，甜味中等，有浓香。

TOP❿ 苏罗

原产于巴巴多斯，引至夏威夷而成为当地著名品种群。价格较高，是国际市场的畅销品种群。果小，单果重 500 克，两性花果实呈梨形或长椭圆形。果肉厚，带香味。

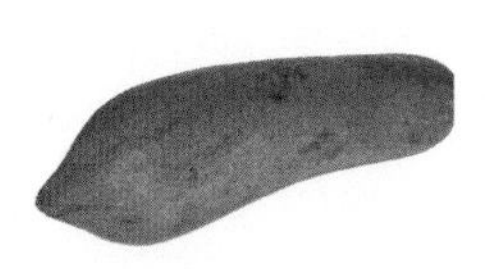

TOP⓫ 红妃

引自台湾，果实的形状有两种：雌性株的果实为长球形至椭圆形，两性株的果实为长棒形。果皮光滑、美观，果肉厚，肉色红美（低温期肉色较淡），肉质细嫩，气味芳香，风味好，汁多味甜，品质优。

TOP⓬ 小果木瓜

该品种株高 1.5~2 米。果实分长椭圆形及近圆形两种，果肉红色，肉质嫩清甜，木瓜味浓。较丰产，优质，是鲜果市场需求量较大的新种，也是宾馆酒家的高级菜肴及超市的高档水果。

类

香瓜

学名：Cucumis melo
分类：葫芦科甜瓜属
原产地：非洲热带沙漠地区

香味诱人的甜瓜

甜瓜又称甘瓜或香瓜，因味甜而得名，由于清香袭人，故又名香瓜。甜香瓜是夏令消暑瓜果，其营养价值可与西瓜媲美。

营 营养与功效

香瓜含大量碳水化合物及柠檬酸等，可消暑清热、生津解渴、除烦；香瓜中的转化酶可将不溶性蛋白质转变成可溶性蛋白质，能帮助肾脏病人吸收营养；香瓜蒂中的维生素 B 能保护肝脏。

选 选购妙招

在挑选香瓜时，可闻一下它的气味，如果有诱人香气散发出来，说明香瓜质量不错。香瓜果柄粗，就说明可能粘了很多生长素，口味比较差；质量好的香瓜果柄比较细，而且也很新鲜。

储 储存方法

放在阴凉并且通风的地上。另外要注意，放香瓜的地面不能潮湿，要干燥，这样就能让香瓜保存 1 个星期左右不变质。如果是切开的香瓜，则需要放入冰箱进行冷藏保存。

盛产期：6~8 月

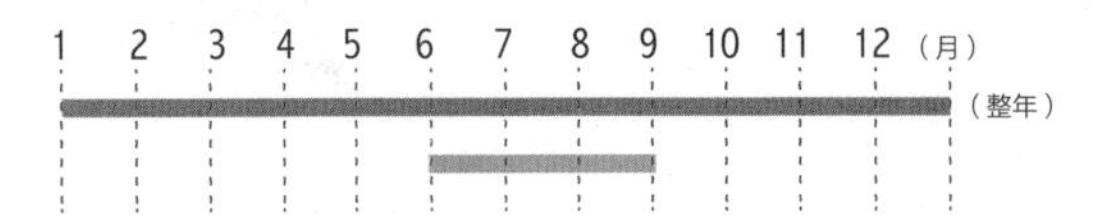

国产 · 输入

烹饪技巧

香瓜最简单的吃法就是去皮直接食用，也可以用来做甜品。

食用宜忌

凡脾胃虚寒、腹胀便溏者忌食香瓜。有吐血、咳血病史，胃溃疡及心脏病患者宜慎食。

推荐食谱

香瓜冰淇淋

原料：

牛奶 300 毫升，植物奶油 300 克，糖粉 150 克，蛋黄 2 个，香瓜泥 400 克，玉米淀粉 10 克

做法：

❶ 锅中倒入玉米淀粉、牛奶，小火煮至 80℃关火。

❷ 倒入糖粉搅拌均匀，制成奶浆。

❸ 玻璃碗中倒入蛋黄，用搅拌器打成蛋液，加入奶浆搅拌。

❹ 倒入植物奶油，制成浆汁，加香瓜泥，制成冰淇淋浆。

❺ 将冰淇淋浆倒入保鲜盒，封上保鲜膜，冷冻至定形。

品种群

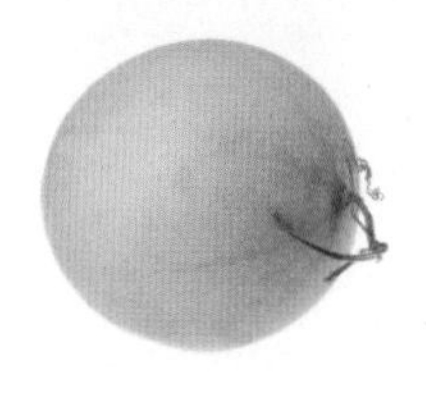

TOP❶ 兰州白兰瓜

白兰瓜呈圆球形，个头均匀，顶端隆起，皮中厚，色白略橙黄。表皮光滑。切开后瓤口碧绿，肉厚汁多，脆而细嫩，清香扑鼻。

TOP❷ 江西梨瓜

是我国甜瓜中的珍品。瓜色洁白，外形像梨。吃起来水灵、香甜，每只瓜 0.5~1 千克。皮极薄，带皮吃依然香甜宜人，没有余渣。

TOP❸ 嘉蜜洋香瓜

果实椭圆形，果皮乳白色，较粗糙，略有稀疏网纹。果肉橙红色，单果质量 2 千克左右，最大果质量 3 千克。

TOP❹ 维多利亚香瓜

果实正圆形，皮色金黄美观，果肉雪白，果肉厚度 2.5 厘米以上，香味浓郁，风味佳良，耐贮运。平均单瓜重 1 千克。

品种群

TOP ❺ 伊丽莎白香瓜

果实光亮黄艳，单瓜重 0.5~1 千克。果肉白色，肉厚2.5~3厘米，肉软、质细、多汁、味甜，种子黄白色。在河北、北京、山东等地出产较多。

TOP ❻ 郑甜一号

果实圆球形，果皮金黄艳丽，果肉雪白，果肉厚度 2.5~3 厘米，肉质细腻、多汁，味香甜。单瓜重 0.8~1.2 千克，果皮较韧，耐贮运，室温下可存放 15 天左右。

TOP ❼ 丰甜二号

早熟，果实圆球形，单瓜重约 1 千克，成熟果金黄色，果肉白色至淡绿色，肉厚 3.2 厘米，肉质细嫩，香味浓。

TOP ❽ 中甜三号

果实高圆形，果皮光亮金黄。果肉浅绿至白色，肉厚 4~5 厘米，肉质松软爽口，香味浓郁。单瓜重 2 千克左右。

TOP ❾ 迎春

又名黄皮大王，是河北农业大学培育的厚皮甜瓜杂交一代种。大果型、早熟品种群，全生育期 90 天左右，果实圆形，果皮光滑，深金黄色，美观艳丽，单瓜重 1.2~1.4 千克，果肉厚约 4 厘米，种腔小，果肉蜜白色，细嫩多汁，甘甜芳香。

TOP ❿ 处留香

果实圆形，果皮未成熟时淡绿色，成熟时转为黄色，单瓜重约 1.5 千克。果肉白色，适期采收的果实经熟软化后食用，肉质细软、香甜。

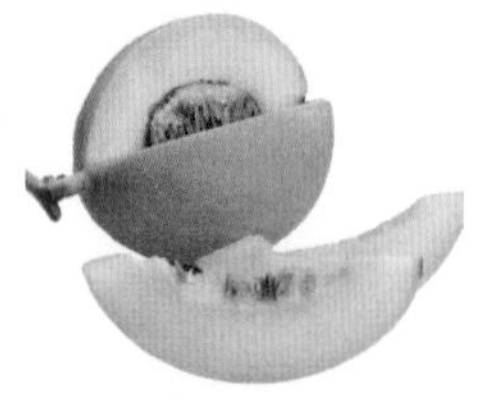

TOP ⓫ 金姑娘

果实橄榄形，果皮鲜黄色，果面光滑或偶有网纹，单瓜重约 1 千克。果肉纯白色，不易发酵，耐贮运。

TOP ⓬ 豫甜蜜

黄皮，早熟，果实椭圆形，突出特点是香味特别浓郁。单瓜重 1.25~1.5 千克。

Chapter 6

其他类

水果的种类有很多，依构造和特性可分为浆果、瓜果、橘果、核果、仁果五类，然而还有一部分水果无法归类到这五大类水果中，我们将其归到一个独特的类别，如芒果、菠萝、榴莲等。

菠萝

学名：Ananas comosus
分类：凤梨科凤梨属
原产地：南美洲

医食兼优的热带名果

菠萝是热带水果之一。福建和台湾地区称之为旺梨或者旺来，新马一带称为黄梨，大陆及香港称作菠萝。有 70 多个品种，岭南四大名果之一。16 世纪从巴西传入中国，现在已经流传到整个热带地区。

叶：叶多数，莲座式排列，剑形，长 40~90 厘米，宽 4~7 厘米，顶端渐尖，全缘或有锐齿。

菠萝果实除鲜食外，多用以制罐头，因其能保持原来风味而受到广泛喜爱。

营养与功效

菠萝有清暑解渴、消食止泻、补脾胃、固元气、益气血、消食、祛湿、养颜瘦身等功效，此外，菠萝中所含的糖、酶有一定的利尿作用，对肾炎和高血压者有益，对支气管炎也有辅助疗效。由于纤维素的作用，对便秘治疗也有一定的疗效。除此之外，菠萝富含维生素 B_1，能促进新陈代谢。

盛产期：6~8 月

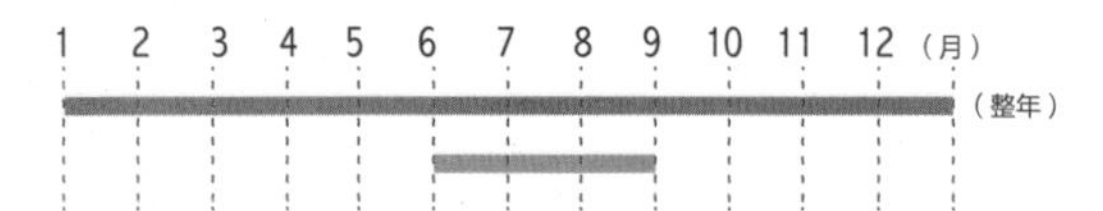

国产 · 输入

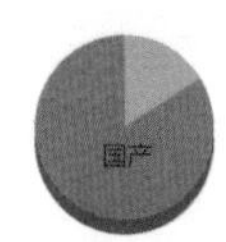

选 选购妙招

新鲜成熟的菠萝结实饱满，果皮黄中略带青色，表皮凸起物没有磨损，散发清新果香。如果发现叶片容易折断或松脱，表示已经过熟。

储 储存方法

只要放在常温下、通风处的地方即可保存，但是不宜长期贮藏。已经削皮的菠萝必须放进冰箱冷藏。

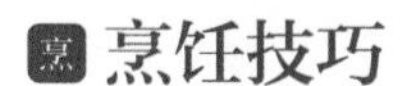

烹 烹饪技巧

由于菠萝中含有有机酸，如苹果酸、柠檬酸等，另外还含有一种物质——菠萝酶，这些物质对我们口腔黏膜和嘴唇的幼嫩表皮有刺激作用，会产生一种麻和刺痛的感觉。菠萝中还含有具有刺激作用的苷类物质和菠萝蛋白酶，会让菠萝肉涩口。因此应将果皮和果刺修净，将果肉切成块状，在稀盐水或糖水中浸渍，浸出这些物质，然后再吃。

食用宜忌

患有溃疡病、肾脏病、凝血功能障碍的人应禁食菠萝；发烧及患有湿疹疥疮的人也不宜多吃。

食 推荐食谱

菠萝牛奶布丁

原料：

牛奶500毫升，细砂糖40克，香草粉10克，蛋黄2个，鸡蛋3个，菠萝粒15克

做法：

❶ 锅置于火上，倒入牛奶，小火煮热，加砂糖、香草粉。

❷ 将鸡蛋、蛋黄倒入容器中，用搅拌器拌匀。

❸ 将牛奶糊慢慢地倒入蛋液中，搅拌，用筛网过筛2次。

❹ 倒入牛奶杯，至八分满，放入烤盘中，倒入适量清水。

❺ 将烤盘放入烤箱中，160℃烤15分钟至熟，取出放凉，放入菠萝粒装饰即可。

品种群

TOP ❶ 甜蜜蜜菠萝

又称台农16号菠萝，果均重1.3千克，呈长圆锥形，果目凸起。果面青黄，果肉黄或浅，纤维少，几无粗纤维，肉质细致，芽眼浅，切片可食。

TOP ❷ 都乐金菠萝

都乐金菠萝果顶有冠芽，性喜温暖。表皮不太粗糙，有的略呈倒圆锥形，肉质比普通菠萝细腻得多。

TOP ❸ 香水菠萝

香水菠萝果大，呈长圆筒形，单果重1.5~2千克。果眼中等大小，且较平浅，熟后果金黄色，果肉黄色，肉质爽脆清甜多汁，甜酸适中，有特殊香水味，纤维嫩。

TOP ❹ 苹果菠萝

单果均重1.3千克，呈圆筒形，果目扁平，果皮薄，果肉浅黄质密，几无纤维，汁多，果心稍大，清脆可口。风味佳，产期在4~5月者较佳。

TOP ❺ 金钻菠萝

又叫春蜜菠萝，果均重1.4千克，圆筒形，叶缘无刺，叶表面略呈红褐色，果皮薄，芽眼浅。果肉黄或深，肉质细致，纤维中。

TOP ❻ 金桂花菠萝

果实圆锥形，果皮薄，芽眼浅，果肉黄质致密，纤维粗细中级，具有桂花的香味。品质最佳时期是4~7月。

TOP ❼ 蜜宝菠萝

果实圆筒形，果皮黄略带暗灰色，皮薄，芽眼浅。肉色黄或金，质致密细嫩，风味佳，适合4~10月生产。

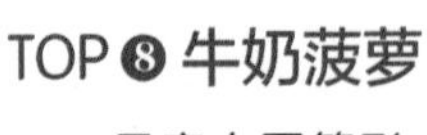

TOP ❽ 牛奶菠萝

果实大圆筒形，平均1.8千克，果实灰黑色，成熟果皮暗，纤维细，质松软，风味佳。果肉白色，具特殊香味，适于7~8月生产。

榴莲

学名：Durio zibethinus Murr
分类：木棉科榴莲属
原产地：马来西亚

气味醇厚的水果之王

榴莲是一种巨型的热带常绿乔木，是热带著名水果之一，原产于马来西亚。东南亚一些国家种植较多， 其中以泰国最多。中国广东、海南也有种植。

果：叶片长圆，顶端较尖，聚伞花序，花色淡黄，果实足球大小，果皮坚实，密生三角形刺。

味：带有奶油味，有点香味及酸味。

营 营养与功效

榴莲性热，可以活血散寒、缓解痛经，特别适合受痛经困扰的女性食用；它还能改善腹部寒凉的症状，可以促使体温上升，是寒性体质者的理想补品。

选 选购妙招

榴莲上面的钉要饱满，如果想吃熟一些的话，可以把两个相邻的钉捏起来，如果能捏动的话，说明比较成熟。或者可以闻一下把柄，如果有一些香味的话过一两天就能吃了。

储 储存方法

买回家的榴莲应用报纸严密包裹起来，免得它的刺扎伤小孩。榴莲具有后熟作用，应将其放在阴凉处保存，成熟后的果实会裂开，这时可将果肉取出，放入保鲜袋后于冰箱里保存。

盛产期：9~12月

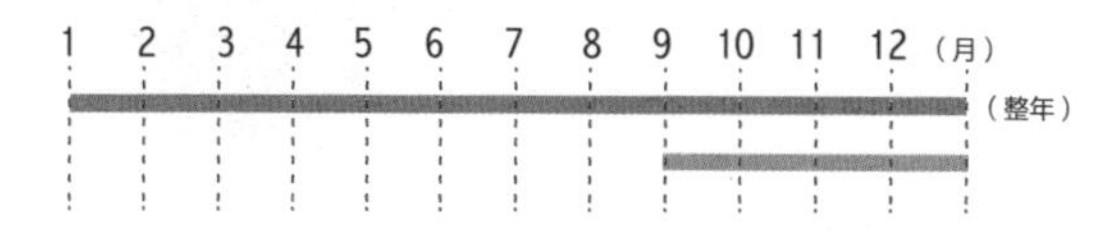

国产 · 输入

烹 烹饪技巧

搭配山竹食用可以避免上火；将榴莲壳煎淡盐水服用，也可降火解滞。

食用宜忌

肥胖人士宜少食，因为榴莲含有的热量及糖分较高；肾病以及心脏病患者也不宜吃榴莲。

食 推荐食谱

榴莲班戟

原料：

榴莲肉、淡奶油各 200 克，白砂糖各适量，鸡蛋 2 个，低筋面粉 100 克，糖粉 50 克

做法：

❶ 鸡蛋、糖粉和白砂糖搅拌均匀，加低筋面粉搅拌均匀。

❷ 摊成稍微稀薄的面糊，入锅摊开，煎成薄片。

❸ 淡奶油干性打发，榴莲肉压成榴莲肉泥。

❹ 把淡奶油、榴莲肉泥、奶油各抹一层，叠起包住馅料。对折再侧折，再折一层，然后轻轻地翻过来即可。

品种群

TOP❶ 金枕榴莲

是目前最受欢迎的一种，肉多且甜，果肉呈金黄色，经常其中有一瓣比较大，称为“主肉”，气味不太浓。

TOP❷ 青尼榴莲

以其中叶子小、个头小、肉多的较受欢迎，价格比较便宜，果肉以深黄色为佳。果体端正，个体较均匀，核较大，口感香甜。

TOP❸ 长柄榴莲

此种榴莲因果柄比其他品种群要长而得名。此品种群柄长且圆，整颗榴莲也以圆形为主，果肉、果核也呈圆状，皮青绿色。

TOP❹ 谷夜套榴莲

肉特别细腻，其甜如蜜，核尖小，为食家所欢迎，是价格最高的一种榴莲。

品种群

TOP ❺ 葫芦榴莲

“葫芦榴莲”外形略似葫芦，非常香甜、黏口，回味无穷。

TOP ❻ 坤宝榴莲

拥有非常漂亮的鲜橙色泽，芳气浓郁，而且带有一点点的苦甜的味道。越老的树，产出的榴莲越苦甜。曾获“榴莲之王”的美誉。

TOP ❼ 猫山王榴莲

猫山王和其他品种群相较而言，颜色更加浓厚，以橙黄为主，色泽均匀艳丽，十分诱人。口感更丰富，肉厚核小，入口即化，但却不失应有的丝丝韧感。

TOP ❽ 红虾榴莲

红虾榴莲外壳是圆的。果肉质较软，橙红色的肉带有一股悠悠的芳香，肉质含有微量的纤维，软又带点苦甜的味道，食不会腻。

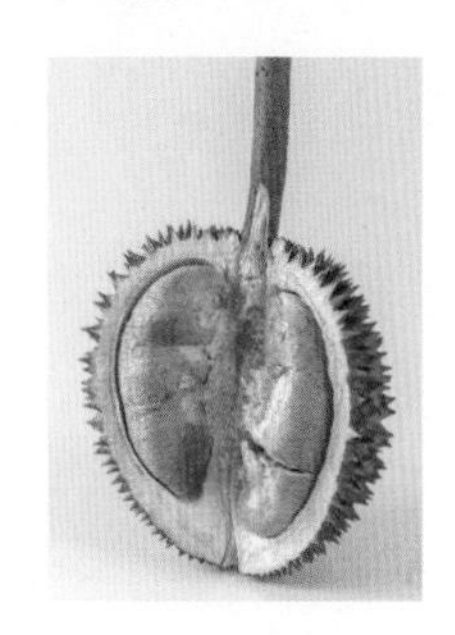

TOP ❾ 甲必利榴莲

果肉呈乳白色，风味极佳，甜中带些许苦，有些黏喉，是老饕的最爱。此榴莲呈圆形，一般体积不大，每个重0.5~1千克，是小巧玲珑的果王。市场上较为少见。

TOP ❿ 尖竹汶1号

泰国植物学家颂波历经多年的研究，成功培育出多种榴莲，其中一种将榴莲浓浓的气味去除，使榴莲闻起来像香蕉，颂波将之命名为“尖竹汶1号”。原本对榴莲敬而远之的人，今后也能享受到榴莲的美味了。尖竹汶是泰国榴莲主产地的名字。

黄皮

学名：Clausena lansium (Lour.) Skeels
分类：芸香科黄皮属
原产地：中国南部

民间的“果中之王”

黄皮是中国南方果品之一，在中国已有一千五百多年历史。黄皮作为一种优质水果，其果实除鲜食外，还可加工成果冻、果酱、蜜饯、果饼及清凉饮料等或用于盐渍、糖渍。因此，在民间黄皮素有“果中之宝”的美誉。

营 营养与功效

黄皮含丰富的维生素C、糖、有机酸及果胶，果皮及果核皆可入药，有消食、化痰、理气的功效，可用于食积不化、胸膈满痛、痰饮咳喘等症，并可解郁热，理疝痛。

盛产期：7~8月

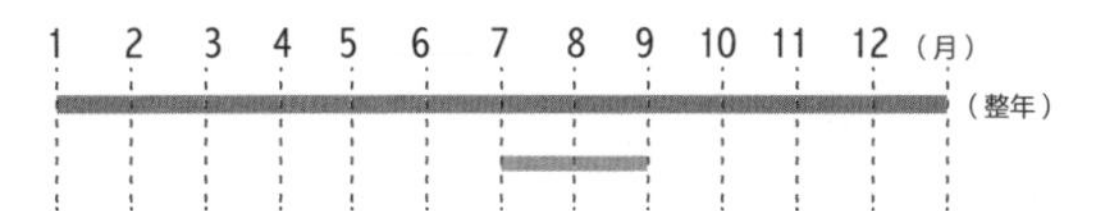

国产 · 输入

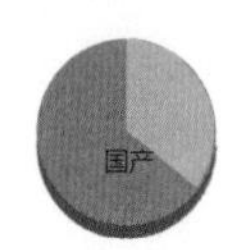

选 选购妙招

果皮黄褐，略带青色，为成熟适度。用手轻捏黄皮，以果肉紧实饱满者为佳。

储 储存方法

黄皮可放在冰箱中短期保存，但注意不要用塑料袋装着，否则容易腐烂变坏。黄皮也可以用泡沫箱存放，将其置于阴凉干爽处。

烹 烹饪技巧

黄皮的果实成熟后除可以生吃外，还能加工成果酱、蜜饯、饮料和糖果。夏天吃黄皮时，可以将果肉、果皮和果核放在口中嚼碎，连渣带汁一并吞下，味虽有些苦，但能起到降火的作用。

食用宜忌

脾胃虚寒或患有胃炎的人不可多食黄皮，否则会造成腹泻；高血糖者慎食。

食 推荐食谱

黄皮果酱

原料：

黄皮 500 克，白糖 70 克

做法：

❶ 黄皮剪去枝叶，放入淡盐水中浸泡 10 分钟，再用清水冲洗干净。

❷ 将洗好的黄皮去核，放入锅中，倒入适量冷水，没过黄皮。

❸ 待冷水煮沸，放入白糖继续熬煮，同时用勺子将黄皮一个个压扁。

❹ 熬煮 20 ~ 30 分钟至稍微收汁，关火，放凉。

❺ 将熬好的黄皮果酱装入瓶中，盖好瓶盖即可。

芒果

学名：Mangifera indica L

分类：漆树科芒果属

原产地：印度、马来西亚、缅甸

香甜细腻的热带果王

芒果是杧果的通俗名，是一种原产于印度的漆树科常绿大乔木，叶革质，互生；花小，杂性，黄色或淡黄色，成顶生的圆锥花序。

果：核果大，压扁，长 5~10 厘米，宽 3~4.5 厘米，成熟时黄色。

味：味甜，果核坚硬。

营养与功效

芒果具有清肠胃的功效，对于晕车、晕船有一定止吐作用；含有大量的维生素 A，具有防癌、抗癌的作用；经常食用芒果，可起到滋润肌肤的作用；还可防治高血压、动脉硬化。

选购妙招

在挑选芒果的时候一定要闻一下芒果的味道。好吃的芒果闻起来特别香，甚至离很远都能闻到香气。香味越大的芒果口感越是浓郁。也可以观察芒果柄的位置，黑色代表果肉成熟。

储存方法

用保鲜袋装好，把芒果放入冰箱冷藏，可以保存 1~2 天。或把每个芒果用纸包起来，放在阴凉避光通风处可保存好几天。

盛产期：4~7 月

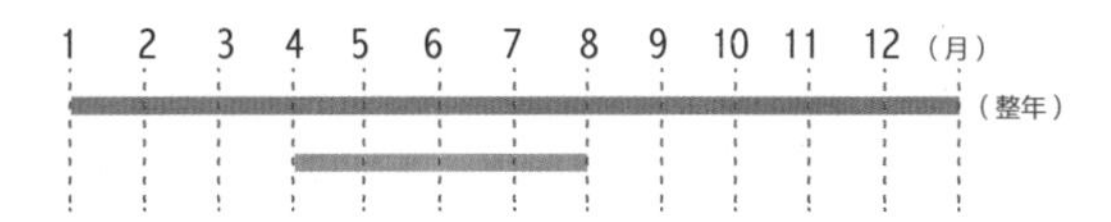

国产 · 输入

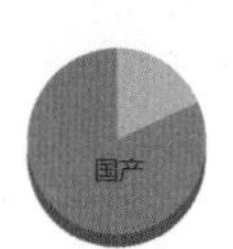

烹 烹饪技巧

可制果汁、果酱、罐头、腌渍、酸辣泡菜及芒果奶粉、蜜饯等。

食用宜忌

芒果和酒、海鲜、大蒜、菠萝等都不能同食。

食 推荐食谱

芒果果冻

原料：

芒果肉适量，吉利丁片 2 片，白糖 30 克

做法：

❶ 把吉利丁片放入清水中浸泡 4 分钟至变软，捞出备用。
❷ 把 200 毫升清水倒入锅中，放入白糖，用搅拌器搅匀。
❸ 放入吉利丁片，搅匀，煮至溶化。
❹ 倒入芒果肉，拌匀。
❺ 把果冻汁倒入杯中，放入冰箱冷冻 1 小时至果冻成型。
❻ 取出果冻，再放上适量芒果肉即可。

品种群

TOP❶ 台农芒

台农芒属常见芒果品种群中的“重口味”，皮色金黄透红亮丽，肉滑核小，口感清甜，芒果味醇香，果肉口味浓厚，甜度很高。甜品店里制作甜品一般都选用台农芒，很多呈圆锥形。

TOP❷ 桂七芒

又名桂热82号，丰产、稳产。果重200~500 克。果形为S 形，长圆扁形，果嘴明显。果皮青绿色，成熟后绿黄色。果肉乳黄色，肉质细嫩，纤维极少，味香甜。

TOP❸ 黑香

黑香芒果果实有一种特殊的龙眼味，颇受消费者喜爱。成熟期约在 7 月中下旬以后，属中晚熟品种群。果实外观浓绿色，成熟后并不转色，仍为浓绿色。

TOP❹ 腰芒

个头比一般的芒果小得多，味道和普通芒果相似，营养丰富。以北京腰芒和小腰芒最为有名。纤维较多，肉质细滑，口感微酸。

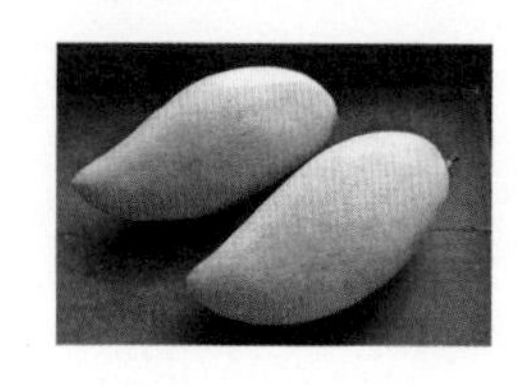

品种群

TOP❺ 青皮芒

又称泰国芒，果实卵肾形，有明显的腹沟，成熟果皮青黄色或暗绿色。单果重200克左右。果肉淡黄色，质地柔滑，味浓甜而芳香，纤维极少。果实成熟期5~8月。

TOP❻ 金煌芒

金煌芒是台湾自育品种群。果实特大且核薄，味香甜爽口，果汁多，无纤维，耐贮藏。平均单果重1200克，成熟时果皮橙黄色。品质优，商品性好。

TOP❼ 凯特芒

果实呈卵圆形，果皮淡绿色，向阳面及果肩呈淡红色，单果平均重量680克。皮薄，核小，肉厚，果肉橙质，成熟期8~9月。

TOP❽ 红象牙芒

该品种群是自“白象牙”实生后代中选出。果长圆形，微弯曲，皮色浅绿。挂果期果皮向阳面鲜红色，外形美观。

TOP❾ 小象牙

因形状像幼年象牙而得名。成熟的芒果呈金黄色，皮薄核小，果肉肥厚、鲜嫩多汁，味美可口，香甜如蜜。它含有多种维生素，被誉为“热水果之王”。单果重250~500克，该品种群大小年明显，品质中等。

TOP❿ 象牙22号

果实象牙形，果皮翠绿色，向阳面有红晕，熟后转浅黄色，单果重150~300克。果肉橙黄色，品质佳，成熟期6月下旬至7月中旬。

TOP⓫ 大白玉

又名白玉象牙，原产于泰国。果长卵圆形，果弯明显或较浅，果嘴痕迹或无，顶端略呈钩状。平均单果重400克左右，成熟时果皮乳白色至奶黄色，向阳面有浅红晕。果肉淡黄色，质地细腻，纤维少，品质居上。

TOP⓬ 澳芒

金黄色，个头大，每个超过500克，外表光滑靓丽，颜色呈金黄色带有红色霞晕，是世界闻名的芒果品种群。

TOP ⑬ 泰国水仙芒

泰国水仙芒属热带高档优质品种群水果，果实外观美丽，果实长卵形或椭球形，果肉香甜柔滑，味甜微酸，没有一般芒果的纤维，色、香、味俱佳，营养丰富。

TOP ⑭ 红金龙

红金龙被称为“贵妃芒”，表皮青里透红，无任何斑点，核较小较薄，有时成竖状，最大的特点是果肉水分充足，口味偏清淡，吃后不容易上火。

TOP ⑮ 紫花芒

果实斜长椭圆形，两端尖，果皮灰绿色，向阳面淡红黄色，经后熟后转为鲜黄色，果表皮蜡粉较厚。果肉橙黄色，纤维极少或无，果汁多，核小，单胚。紫花芒为晚熟品种，果实外观美。

TOP ⑯ 金穗芒

该品种群于1993年引入种植，具有早结、丰产稳产的特点。果实卵圆形，果皮青绿色，后熟后转黄色。果皮薄，光滑、纤维极少，汁多味香甜，肉质细嫩。成熟期7月中下旬。品质中上，是鲜食、加工均佳的品种群。

TOP ⑰ 因特芒

该品种群树势强壮。果形呈扁圆形，比凯特芒略小，果皮呈淡红色，果实肉质细腻，纤维极少，耐贮运，果核小，可食部分占95%，气味芳香，含糖分20%。

TOP ⑱ 金兴

呈红黄色，显示透明状，有一种透视果肉的感觉，如琥珀色般，肉质与品质属极品，甜度较高，果实特大，重达1000克以上。2002年从台湾引进。

TOP ⑲ 文心

果实为圆形，平均单果重1000克，果形艳丽，呈紫红色，挂于树上呈葡萄般，套袋后呈红黄色，果核小，气味芳香，口感佳。2002年从台湾引进。

TOP ⑳ 苹果芒

苹果芒果皮光滑，果点明显，纹理清晰。在阳光充足的地方，果皮淡红色披蜡质，呈粉红色，外形酷似苹果，故得名为苹果芒。成熟期在9月中下旬至10月初。

椰子

学名：Cocos nucifera L.
分类：棕榈科椰子属
原产地：亚洲东南部

壳硬汁甜的椰子

椰子，棕榈科椰子属植物，植株高大，乔木状。椰子原产于亚洲东南部、印度尼西亚至太平洋群岛，中国广东南部诸岛及雷州半岛、海南、台湾及云南南部热带地区均有栽培。

营养与功效

椰子性平味甘，入胃、脾、大肠经，果肉具有补虚强壮、益气祛风、消疳杀虫的功效，久食能令人面部润泽、益人气力及耐受饥饿，可治小儿涤虫、姜片虫病；椰水具有滋补、清暑解渴的功效，主治暑热类渴、津液不足之口渴；椰子壳油可治癣、疗杨梅疮。

盛产期：9~11月

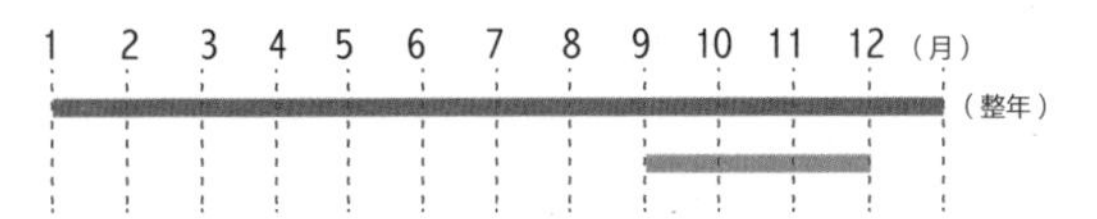

国产 · 输入

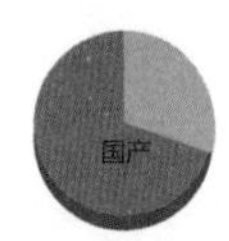

选 选购妙招

把椰子放在耳边上下用力摇晃一下，听听里面有没有水声。如果没有的话，说明太熟太干，吃起来味道也不好。接着检查一下椰子是否完整。避免选择那种外壳破损的椰子，并确保没有水分从椰子的三个眼里渗出。

储 储存方法

完整的椰子放在冰箱里冷藏可以达 2 个月。打开后，椰肉只能放在冰箱里保鲜数天。如果将椰肉用擦菜板擦成细丝，可以放在保鲜袋里，冷冻之，保存时间就可以达到 8~10 个月。

食用宜忌

大便清泻的人不宜食用椰子。如果是病毒性肝炎、脂肪肝、支气管炎、哮喘、高血压、糖尿病等疾病的患者，也不宜食用椰子。体内火气旺盛的人群不宜多吃。

烹 烹饪技巧

椰子壳要用大刀顺着纤维一刀一刀往外撬，然后再用手把纤维外衣往外剥。椰子上面有三个疤痕，有两个形状一样的，有一个不一样的，把不一样的疤痕表面用刀刮一下，然后拿吸管一插，就可喝椰汁了。

食 推荐食谱

银耳椰子盅

原料：

水发银耳 80 克，马蹄丁 50 克，椰子壳 1 个，冰糖 5 克，椰子汁 150 毫升

做法：

❶ 打开椰子壳，放入备好的银耳、马蹄丁、冰糖。

❷ 倒入椰子汁，盖上盖，待用。

❸ 蒸锅中注入适量清水烧开，放入椰子盅。

❹ 盖上盖，用大火蒸 30 分钟至熟。

❺ 揭盖，取出椰子盅，待稍微放凉后即可食用。

品种群

TOP ❶ 香水椰子

香水椰子产量高，果皮绿色，果皮和种壳较薄，椰水和椰肉品质较佳。其最大特色是椰子水带有浓郁的芋香味，糖分含量高，椰肉细腻松软，营养丰富，是优质的天然绿色食品。

TOP ❷ 红矮椰

果形长圆形，果纵剖面形状为圆形，果皮橙红色，核果外形近球形，没有特别的椰水芳香气味。果实长度约 22.5 厘米，宽度 13.5 厘米。

TOP ❸ 黄矮椰

果形棱角形，果纵剖面形状为圆形，果皮黄色，核果外形近球形，没有特别的椰水芳香气味。果实长度约 25 厘米，宽度 15.5 厘米。

TOP ❹ 绿矮椰

其特征是果实和叶片呈深绿色，开花早，植后 3 年左右开花结果，茎干较小，树冠密集果实小，产量高，椰肉薄。

TOP ❺ 文椰

果形卵圆形，果纵剖面形状为圆形，果皮棕黄色，核果外形近球形，没有特别的椰水芳香气味。果实长度约 21.5 厘米，宽度 16.5 厘米。

TOP ❻ 高种椰子

果形卵圆形，果纵剖面形状为卵形，果皮绿色，核果外形卵形，没有特别的椰水芳香气味。长度 21.5厘米，宽度 17.5厘米。

TOP ❼ 小黄椰

果形卵圆形，果纵剖面形状为卵形，果皮棕黄色，核果外形近球形，没有特别的椰水芳香气味。长度 22 厘米，宽度 11.5 厘米。

番石榴

学名：Psidium guajava Linn.
分类：桃金娘科番石榴属
原产地：南美洲

清香可口的绿芭乐

番石榴又名芭乐，为热带果树，原产于热带美洲，今在元江有栽培。番石榴是桃金娘科番石榴属的常绿小乔木或灌木，俗称拔番石榴子、那拔。因其来自国外，故名为番石榴，是亚热带名优水果品种群之一。

果：成熟果实淡绿色，清香可口。番石榴果皮薄，黄绿色，果肉厚，清甜脆爽，心小籽少。

味：肉质非常柔软，肉汁丰富，味道甜美，风味接近于梨和台湾大青枣之间。

营 营养与功效

番石榴营养丰富，可增加食欲，促进儿童生长发育，含有蛋白质、脂肪、糖类，维生素A、B、C，钙、磷、铁。番石榴的营养价值高，以维生素C而言，比柑橘多8倍，比香蕉、木瓜等多数十倍。

选 选购妙招

喜欢脆番石榴者，要选择果实硬、表皮光滑、皱褶少、颜色淡而均匀的；喜欢软番石榴者，要选择摸起来柔软有弹性、香味浓郁、表皮光滑、皱摺少、淡绿色的。

储 储存方法

因为番石榴属于更年性果实，从成熟至完熟只有短短的数天，不便保存，因此番石榴变软必须立即食用，才不致坏掉。

盛产期：8~12月

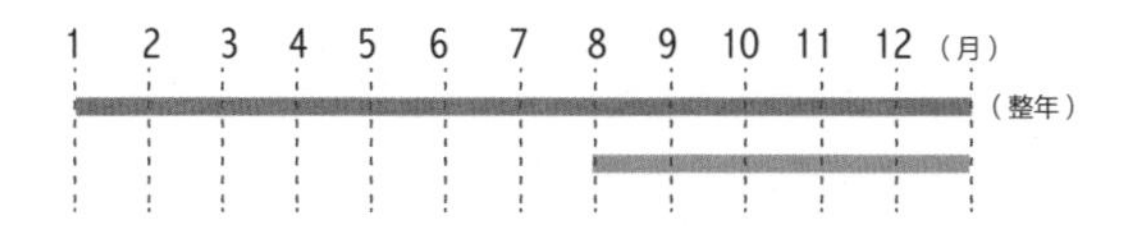

国产 · 输入

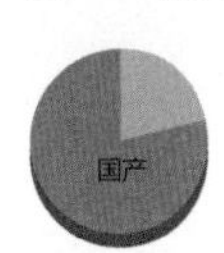

烹饪技巧

番石榴适宜生食，鲜果洗净（免削皮）即可食用。有些人喜欢切块置于碟上，加上少许酸梅粉或盐，风味独特。如使用家庭式果汁机，自制原汁原味番石榴果汁，可享受独特口味。

食用宜忌

儿童及有便秘习惯或有内热的人不宜多吃。肝热的人为慎防便秘，应慎食，因为番石榴有收敛止泻的作用。

推荐食谱

番石榴西芹汁

原料：

番石榴 150 克，西芹 100 克

做法：

❶ 西芹切成段；番石榴对半切开，切成瓣，再切小块。
❷ 锅中注入适量清水烧开，放入西芹，焯煮片刻。
❸ 将西芹捞出，沥干水分，待用。
❹ 取榨汁机，将西芹、番石榴倒入榨汁机中。
❺ 倒入矿泉水，选择榨汁功能，榨取番石榴西芹汁。
❻ 把榨好的果蔬汁倒入玻璃杯中即可。

品种群

TOP❶ 草莓番石榴

草莓番石榴为六倍体，果实紫红色或黄色，供鲜食或加工果汁、果冻等，较耐寒，可作番石榴砧木。

TOP❷ 巴西番石榴

巴西番石榴为四倍体，果小，丰产，品质好，较耐寒。

TOP❸ 哥斯达黎加番石榴

哥斯达黎加番石榴为六倍体，果圆形，肉薄，味带酸，无香气，种子少。

TOP❹ 黄沙罗番石榴

黄沙罗番石榴果小，淡黄色，味微酸，稍有草莓的香气。未充分成熟果可制优质果冻。

TOP ❺ 新世纪番石榴

果实呈长椭圆形，平均单果重250克左右，果形端正，果皮黄绿色，果肉厚，肉质脆，细嫩可口，种子较少，风味佳。

TOP ❻ 珍珠番石榴

果实呈卵圆形，平均单果重300克左右，种子少而软、风味佳，品质好的果品有特殊的芳香味。

TOP ❼ 水晶无籽番石榴

果实呈扁圆形，果面有不规则隆起，果形较不对称，果品肉质松脆、嫩，口感好，种子少，品质优。

TOP ❽ 红皮红肉番石榴

果实呈长椭圆形，单果重150克左右，肉质细嫩，香滑可口，种子少。

TOP ❾ 红心番石榴

常见的番石榴均为白心，红色番石榴果实较白心番石榴圆且小一些，成熟后果肉是红色的。果肉口感比白心番石榴绵软，果香相较白心番石榴更加浓郁。

TOP ❿ 梨仔番石榴

梨仔番石榴果心细小，肉质厚脆，风味优美。

甘蔗

学名：Saccharum officinarum
分类：禾本科甘蔗属
原产地：中国云南

节节高升的“糖分工厂”

甘蔗，中国云南、台湾、福建、广东、海南等南方热带地区广泛种植。甘蔗是温带和热带农作物，是制造蔗糖的原料，且可提炼乙醇作为能源替代品。全世界有一百多个国家出产，最大的甘蔗生产国是巴西、印度和中国。

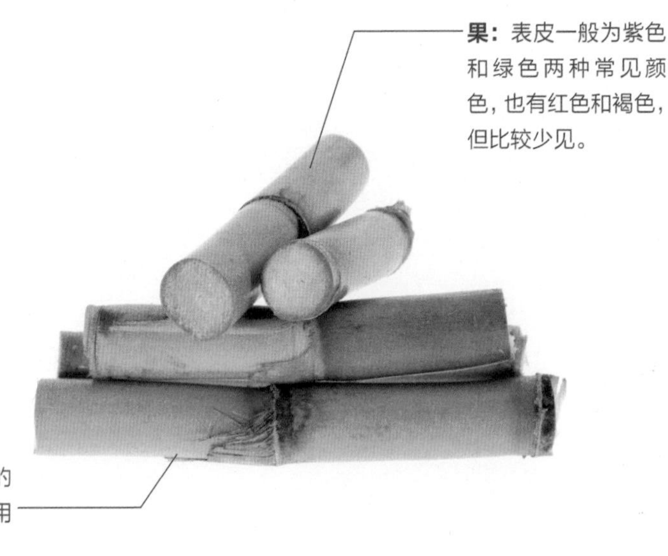

果：表皮一般为紫色和绿色两种常见颜色，也有红色和褐色，但比较少见。

味：甘蔗含有丰富的糖分、水分，主要用于制糖。

营 营养与功效

甘蔗中含有丰富的糖分、水分，还含有对人体新陈代谢非常有益的各种维生素、脂肪、蛋白质、有机酸、钙等物质。甘蔗不但能给食物增添甜味，还可以提供人体所需的营养和热量。

选 选购妙招

中等粗细、节头少、比较均匀的甘蔗往往比较甜，过粗过细都不建议购买。一般会挑紫皮甘蔗，皮泽光亮有白霜，颜色越黑越好，因为甘蔗越老越黑，越老越甜。

储 储存方法

一根甘蔗买回来分 2~3 天吃完为好。不吃的部分不要用水清洗，最好竖着放在通风处。

盛产期：12 月 ~ 次年 3 月

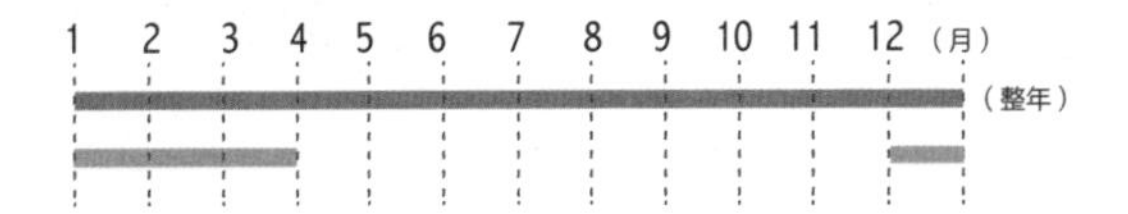

国产 · 输入

烹饪技巧

甘蔗可以榨汁、煮茶，也是制糖的主要原料。

食用宜忌

霉变的甘蔗毒性很大，中毒后可损伤中枢神经系统，严重的还会导致昏迷和死亡。

推荐食谱

甘蔗生姜汁

原料：

甘蔗 95 克，生姜 30 克

做法：

❶ 将去皮洗净的生姜切条，改切成小块。
❷ 洗好去皮的甘蔗切段，对半切开，改切成丁，备用。
❸ 取榨汁机，选择搅拌刀座组合，倒入切好的食材。
❹ 注入适量温开水，盖好盖。
❺ 选择“榨汁”功能，榨约 30 秒，榨出汁水。
❻ 断电后将甘蔗生姜汁倒入杯中即可。

品种群

TOP ❶ 白甘蔗

茎秆实心，节多明显，叶线状剑形，叶缘有矽质微细锯齿。外皮绿色，质地粗硬，不适合生吃，产量多，含糖量高，是制糖的主要来源。

TOP ❷ 黑甘蔗

株高 200~250 厘米，表皮紫黑色，用途广泛，销售极畅，既可作水果生食，又是加工蔗汁饮料、冰糖、味精等轻工业的原料。

TOP ❸ 红甘蔗

茎秆表皮为皮墨红色，节多明显。内皮维管束为淡黄色，水分多，糖度较低，茎粗皮脆。茎肉富纤维质，多汁液，清甜嫩脆，甜而不腻。此品种群相对少见。

TOP ❹ 上高紫皮甘蔗

上高紫皮甘蔗属果蔗，品种群有拔地拉、果蔗一号。果皮为紫皮，果肉松脆，渣少汁多。横切面直径为 4~5 厘米，高达 1.5 米以上。紫皮甘蔗多作为水果供食。

菠萝蜜

学名：Artocarpus heterophyllus Lam
分类：桑科波罗蜜属
原产地：美洲热带地区

世界上最重的水果

菠萝蜜是热带水果，也是世界上最重的水果。菠萝蜜树形整齐，冠大荫浓，果奇特，是优美的庭荫树和行道树；上百年的菠萝蜜树，木质金黄，材质坚硬，可制作家具，也可作黄色染料。

果：果实成熟时表皮呈黄褐色，表面有瘤状凸体和粗毛。

肉：果肉鲜食或加工成罐头、果脯、果汁；果肉有止渴、通乳、补中益气等功效。

营养与功效

菠萝蜜含丰富的糖类、蛋白质、B族维生素、维生素C、矿物质、脂肪油等。菠萝蜜中的糖类、蛋白质、脂肪油、矿物质和维生素对维持机体的正常生理机能有一定作用；可改善局部血液。

选购妙招

外壳完整新鲜、不破皮、单果大、肉厚香味浓为佳。习惯有擦皮听声。擦皮时果壳瘤状凸起物硬脆易断，无乳汁，声音混浊，为已熟果。

储存方法

放在冰箱里，封上保鲜膜，可以保存5天。如果超出5天再吃的话就变味了，最好在5天内就吃完。5天以后吃不完最好扔掉，否则会发酵。

盛产期：6~11月

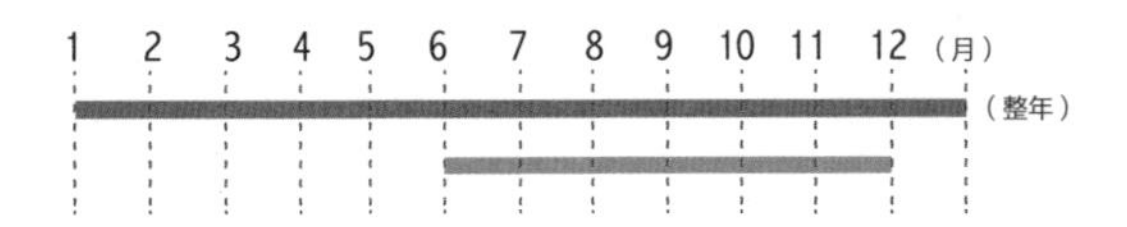

国产 · 输入

烹 烹饪技巧

① 吃菠萝蜜前先将果肉放在淡盐水中浸泡数分钟，可避免过敏反应的发生，并使果肉更加醇美。

② 菠萝蜜冰镇后会更甜。也可以像煮花生一样煮熟再吃，过程中加点盐，味道不错。

食用宜忌

菠萝蜜虽然好吃，但在吃的时候也要多加注意，以防出现过敏的现象。

食 推荐食谱

菠萝蜜炒鸭片

原料：

鸭肉 270 克，菠萝蜜 120 克，彩椒 50 克，姜片、蒜末、葱段各少许，盐 3 克，鸡粉、白糖各 2 克，番茄酱 5 克，料酒 10 毫升，水淀粉 3 毫升，食用油适量

做法：

❶ 菠萝蜜果肉去核切小块；彩椒切开，去籽，切小块。

❷ 鸭肉切片，加盐、鸡粉、水淀粉、食用油腌渍入味。

❸ 锅中放鸭肉、彩椒、菠萝蜜，加盐、白糖、番茄酱炒匀。

❹ 关火后盛出炒好的菜肴，装入盘中即可。

品种群

TOP❶ 四季菠萝蜜

早结丰产，周年结果。果长椭圆形，中等大，平均单果重 10.2 千克，果肉厚，橙黄色，爽脆，味清甜有香气，鲜果可溶性固形物含量 21.38%，维生素 C 含量为 4.7 毫克 /100 克，果实成熟后少乳胶。

TOP❷ 红肉菠萝蜜

早结丰产，综合性状优良。果长椭圆形，中等大，平均单果重 9.5 千克，干苞。果肉橙红色，肉厚爽脆，味清甜有香气，可溶性固形物含量 18.87%，维生素 C 含量 9.54 毫克 /100 克，果实成熟后少乳胶。

雪莲果

学名：Saussurea involucrata Kar. et Kir. et Maxim.
分类：菊科菊薯属
原产地：南美洲的安第斯山脉

营养丰富的“天山雪莲”

雪莲果是长得像地瓜又像山药的根茎植物，具有清凉退火、清热解毒、健胃整肠、软化血管、祛痰、抗菌活血、降血压的保健作用，富含蛋白质、藻角质、矿物质。

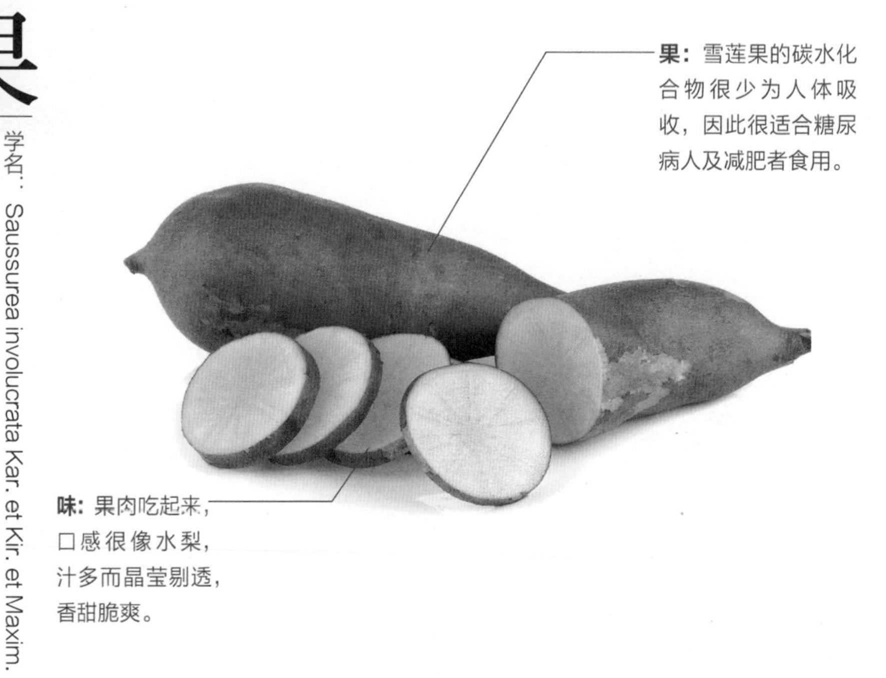

营养与功效

雪莲果含有大量水溶性纤维、较多的果寡糖和 8 种人体必需氨基酸，还含有钙、铁、锌等微量元素，属低热量食品，具有清凉退火、清血解毒的功效，生吃可祛除青春痘、预防便秘、消炎利尿、清肝解毒、养颜美容，适合糖尿病人和减肥者食用。

盛产期：10~11 月

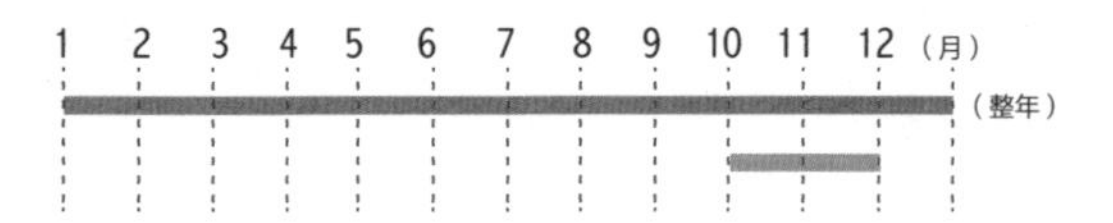

国产 · 输入

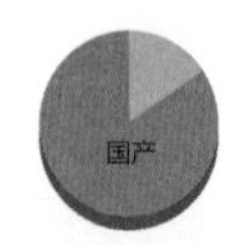

选 选购妙招

因为是根状水果，最好选择表面平滑，没有磕碰或节、芽、坑之类情况的果子；另外，选择饱满些的，均匀状的表面积与体积比相对较小，这样果实水分含量多一些。

储 储存方法

没有碰破皮或切开的雪莲果，室温下储存即可。雪莲果被切开和去皮后，暴露在空气中就会变成褐色。为了防止变色，可将去皮切开的雪莲果放在清水中浸泡，使其与空气隔绝，可防止氧化变色。

烹 烹饪技巧

从土里采雪莲果出来后，只要把表皮土洗掉，削去皮，即可作水果一样直接啃来吃，若能在采摘后放上 2~3 天，更能增加甜度。若以雪莲果炖煮鸡肉或排骨来煲汤，便成了一道原住民的冬令滋补佳肴。

食用宜忌

雪莲果性大寒，肠胃不好者慎食。大量食用后会出现胃寒、便溏等症状。

食 推荐食谱

雪莲果猪骨汤

原料：

猪骨段 300 克，雪莲果 130 克，胡萝卜 80 克，水发莲子 50 克，蜜枣 30 克，干百合 20 克，姜片、葱花各少许，盐 3 克，鸡粉少许，料酒 5 毫升

做法：

❶ 锅中注水烧开，淋上少许料酒，倒入猪骨段，搅拌匀。
❷ 煮约半分钟，氽去血水，捞出沥干水分，待用。
❸ 砂锅中注水烧开，放入莲子、百合，加姜片、蜜枣。
❹ 再倒入氽过水的猪骨段，淋入少许料酒，煮至熟软。
❺ 倒入切好的胡萝卜、雪莲果小火续煮，加调料即可。

人参果

学名：Solanum muricatum Aiton
分类：茄科
原产地：南美洲

《西游记》中的神仙果

人参果，正名为蕨麻，又名长寿果、凤果、艳果，原产于美洲，属茄科类多年生双子叶草本植物，亦可称仙果、香艳梨。通常人们所说的人参果是一种产于我国甘肃省武威市凉州区张义镇的高营养水果。

营养与功效

人参果果实有淡雅的清香，果肉清爽多汁，风味独特，高蛋白、低糖、低脂，还富含维生素 C 以及多种人体所必需的微量元素，尤其是硒、钙的含量大大高于其他的果实和蔬菜。因此人参果有抗癌、抗衰老、降血压、降血糖、消炎、补钙、美容等功能。

盛产期：9~11月

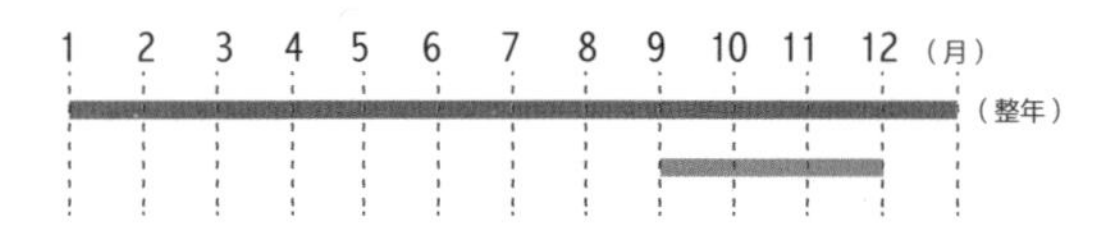

国产 · 输入

选 选购妙招

现在市面上销售的人参果有沙甜和脆甜两个品种群。沙甜口感的人参果果皮发白，有花纹，果形较大；口感脆甜的人参果果皮发青，花纹少，而且果形要小一些。在挑选时，如果发现果皮发黄，则说明该果实放置的时间比较长，不新鲜。

储 储存方法

由于人参果是一种易腐烂、易变质的水果，因此不论是销售商还是食用者都要特别注意对人参果进行良好的储存，可以放置在冷藏室、保鲜柜内保存。

食用宜忌

糖尿病患者不宜多吃甜味人参果，而应常食低糖品种群人参果。

烹 烹饪技巧

可生吃，当做水果鲜食。味道鲜甜，有淡雅的清香气，果肉淡黄，爽口多汁，风味独特。也可以做人参果炒肉片、凉拌人参果、蒸人参果。

食 推荐食谱

凉拌人参果

原料：

人参果 130 克，蒜末、葱花各少许，盐少许，白糖 3 克，陈醋 5 毫升，芝麻油 2 毫升

做法：

❶ 洗净的人参果去皮，将果肉切成瓣，备用。
❷ 取一个干净的玻璃碗，放入切好的人参果。
❸ 放上蒜末、葱花，加入少许盐、白糖。
❹ 再淋入适量陈醋、芝麻油。
❺ 用筷子将其拌匀，至食材入味。
❻ 将拌好的人参果装入盘中即可。

牛油果

学名：Butyrospermum parkii Kotschy
分类：山榄科牛油果属
原产地：墨西哥和美洲

最古老的果树树种之一

牛油果也称酪梨，是一种著名的热带水果。它的提炼油是一种不干性油，没有刺激性，除食用外，还是高级护肤品以及 SPA 的原料之一。因为外形像梨，外皮粗糙又像鳄鱼头，因此人们也常称其为油梨、鳄梨、樟梨。

营 营养与功效

牛油果含丰富的甘油酸、蛋白质及维生素，是天然的抗氧衰老剂，不但能软化和滋润皮肤，还能收细毛孔，皮肤表面可以形成乳状隔离层，能够有效抵御阳光照射，防止晒黑晒伤。

选 选购妙招

真正好吃的牛油果是黑色的，因为已经熟透了。选择软硬适中的，表面粗糙、遍布坑坑洼洼的小疙瘩的味道较好。

储 储存方法

牛油果在冰箱的蔬菜盒里可保存 1 周左右。牛油果果肉暴露在空气中容易变黑，如果一次只吃半个，请务必将有核的那半保留，不要去核，洒上柠檬汁，再用保鲜膜包好，放入冰箱即可。

盛产期：7~9 月

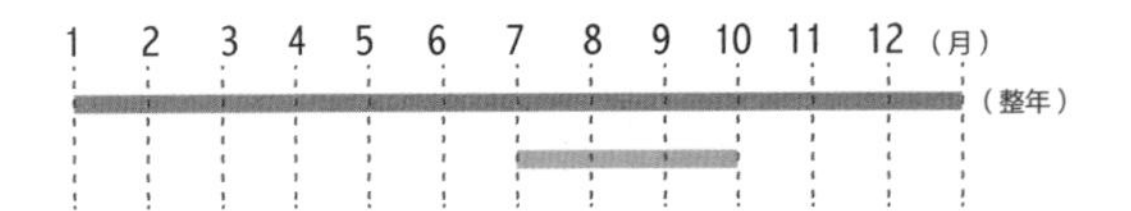

国产 · 输入

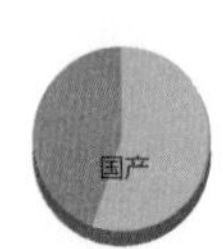

烹饪技巧

牛油果必须即开即吃，否则很快氧化变黄。

食用宜忌

牛油果营养价值虽然高，但也不可无节制多吃，一天最多吃1个就可以了。

推荐食谱

牛油果沙拉

原料：

牛油果300克，柠檬60克，青椒35克，红椒、洋葱各40克，蒜末少许，黑胡椒2克，橄榄油、盐各适量

做法：

❶ 青椒、红椒、西红柿切丁，洋葱切块。
❷ 牛油果对半切开去核，挖出瓤，留果盅备用，将瓤切碎。
❸ 取一个碗，放入洋葱、牛油果、西红柿。
❹ 加入盐、黑胡椒、橄榄油，搅拌均匀。
❺ 将拌好的沙拉装入牛油果盅中，挤少许柠檬汁即可。

品种群

TOP❶ 西印度系牛油果

叶淡绿色，揉之无茴香味。果大，红紫色，果柄短，单果重1000克以上。果皮中等厚，种子大。1~2月开花，7~9月果熟。

TOP❷ 墨西哥系牛油果

叶小，椭圆形，揉之大茴香味。果小，深绿至浓绿，果皮薄而光滑，单果重85~340克，种子大，种皮薄。早熟，冬季或早春开花，6~8月成熟。

TOP❸ 危地马拉系牛油果

果大，近圆形，单果重340~510克。果皮厚，暗绿色，光滑。果肉奶黄色，近皮处绿色，味道香美，品质极佳，含油量18%~25%。有隔年结果现象，抗寒性较差。

佛手柑

学名：Citrus medica L. var.sarcodactylis Swingle
分类：芸香科柑橘属
原产地：中国广东

状如佛手味如柑

佛手柑为芸香科植物佛手的果实。果实在成熟时各心皮分离，形成细长弯曲的果瓣，状如手指，故名佛手。通常用作中药，或因其果形奇特，而作为观赏植物。佛手柑被大量制作成凉果食用及出售。

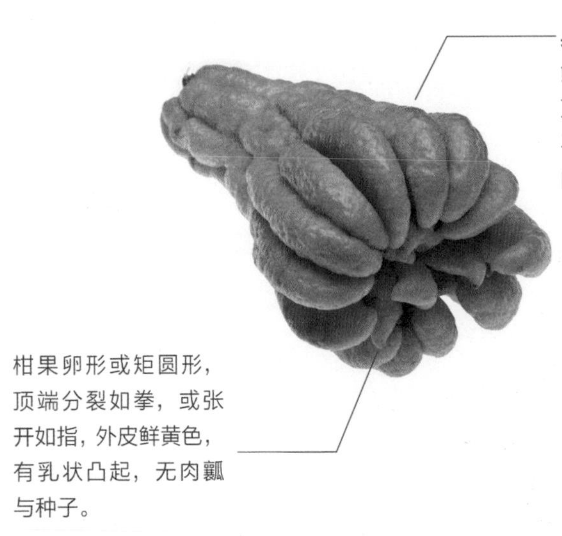

果：果大供药用，皮鲜黄色，皱而有光泽，顶端分歧，常张开如手指状，故名佛手，肉白，无种子。

柑果卵形或矩圆形，顶端分裂如拳，或张开如指，外皮鲜黄色，有乳状凸起，无肉瓤与种子。

营 营养与功效

佛手根、茎、叶、花、果均可入药，味辛、苦，性甘、温，无毒，入肝、脾、胃经，有理气化痰、止呕消胀、舒肝健脾、和胃等多种药用功能；对老年人的气管炎、哮喘病有明显的缓解作用；对消化不良、胸腹胀闷有更为显著的疗效。赤松金佛手可制成多种中药材，久服有保健益寿的作用。

盛产期：10~11 月

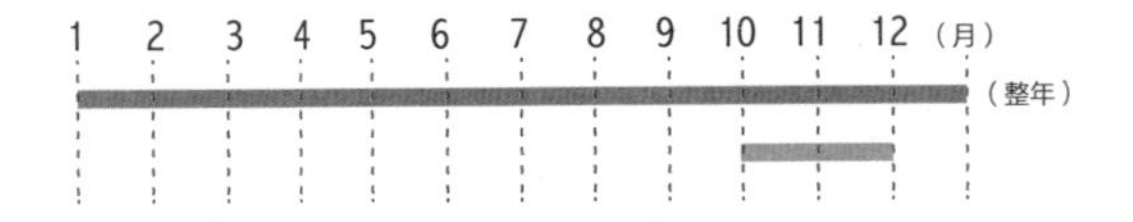

国产・输入

选 选购妙招

选购时若瓜皮上留有少量的刺已发硬，佛手处已有种子凸出表面，表示老熟，这样的佛手柑应尽量不选。优质佛手柑表皮张力强，肉质结实，拿到手上有重量感。

储 储存方法

放于避光、阴凉、通风处保存。也可将其晾干，然后切成片，放置在太阳底下晒干，再放入密封防潮防湿的罐子中保存即可。

食用宜忌

阴虚有火、无气滞症状者慎食佛手柑。

烹 烹饪技巧

佛手柑最简单的吃法是凉拌、炒食、泡茶或者涮火锅，也可以炖冰糖、用蜂蜜泡等。

食 推荐食谱

佛手玫瑰茶

原料：

佛手柑 10 克，玫瑰花 15 克

做法：

❶ 佛手柑加水煎煮约 20 分钟。

❷ 再用佛手柑药汁冲泡玫瑰花，代茶饮服。

莲雾

学名：Syzygium samarangense
分类：桃金娘科蒲桃属
原产地：印度、马来西亚

色泽艳丽的“棉花果”

莲雾又名洋蒲桃、紫蒲桃、水蒲桃、水石榴、天桃、辇雾、琏雾，桃金娘科，原产于印度、马来西亚，尤以爪哇栽培的最为著名，故又有“爪哇蒲桃”之称。台湾的莲雾是17世纪由荷兰人引进台湾。

果： 果实顶端扁平，下垂状表面有蜡质的光泽。果肉呈海绵质，略有苹果香味。

味： 莲雾具有清甜、淡香、丰富水分等特性，不但风味特殊，亦是清凉解渴的圣品。

营 营养与功效

莲雾具有开胃、爽口、利尿、清热以及安神等食疗功能，其性平味甘，功能润肺止咳、除痰、凉血、收敛，主治肺燥咳嗽、呃逆不止、痔疮出血、胃腹胀满、肠炎痢疾、糖尿病等症。

选 选购妙招

莲雾要够熟的才够甜，越成熟的莲雾越甜、越好吃。成熟度体现在它的“脐”上，脐底黑红的甜度高，底部张开越大表示越成熟。以果色深红、表皮洁净、无斑点和粉状物者为宜。

储 储存方法

先用报纸将莲雾包起来，装入塑料袋里，再放进冰箱冷藏室内冰藏。

盛产期：5~6月

1 2 3 4 5 6 7 8 9 10 11 12（月）

（整年）

国产 · 输入

烹饪技巧

① 莲雾以鲜果生食为主，也可盐渍、糖渍、制罐及脱水蜜饯或制成果汁等。

② 吃莲雾最好是整颗咬，从尖端咬起，才会越吃越甜。若是将莲雾剖半、切片，就丧失美好的风味了。

食用宜忌

体质偏寒者应尽量少食用莲雾；孕妇、频尿者不宜多食莲雾；胃溃疡患者应避免空腹食用莲雾。

推荐食谱

莲雾豆浆

原料：

莲雾 100 克，豆浆 60 毫升

做法：

❶ 洗净的莲雾切块，待用。
❷ 榨汁机中倒入莲雾块。
❸ 加入豆浆。
❹ 盖上盖，榨约 25 秒成莲雾豆浆。
❺ 揭开盖，将莲雾豆浆倒入杯中即可。

品种群

TOP❶ 黑珍珠莲雾

果实果蒂端是平整形或是圆锥形，果实喇叭形，果顶比果肩宽，果顶中心凹陷，果皮颜色为紫红色，果实表皮之果脊明显，果面有光泽及蜡质。

TOP❷ 飞弹莲雾

飞弹莲雾果皮色泽黑红，外观为长形，果肉厚多汁且裂果少，适合在 4~6 月生产，可与其他品种群错开，达到产期调节的效果。

TOP❸ 子弹莲雾

其形状像子弹一样，外表色泽红艳欲滴，早期因口感不佳且易裂果，种植者不多。因其形状特殊，使得各地稀奇多样的莲雾如雨后春笋般地一涌而出。

TOP❹ 黑金刚莲雾

该品种果形呈长吊钟状，无核，果实特大，单果重达 200 克。果实成熟时呈暗红色，皮色光滑，色泽鲜艳，果形美观。果肉汁多味美，特别爽脆，清甜可口。

品种群

TOP ❺ 黑钻石莲雾

台湾高雄市以“疏果”及“套袋技术”培育出果实特大、果色深红带光泽、水分多、清甜爽口的莲雾，称“黑钻石”，有“水果王中之王”的美誉。其特点是汁多味美。

TOP ❻ 白莲雾

又称白壳仔莲雾、新市仔莲雾、翡翠莲雾。色泽乳白色或清白色。果形小，长倒圆锥形或长钟形，果肉乳白色，具清香味，略带酸味，果长约5厘米。

TOP ❼ 二十世纪莲雾

又称绿壳仔莲雾、香果莲雾。色泽青绿色带光泽及腊质。果形大，扁圆形，具特殊香气，近果柄一端稍窄，果顶微凸，故又称为“凸脐莲雾”。平均果重59克。

TOP ❽ 斗笠莲雾

色泽淡粉红色，果长平均约4.3厘米，果顶宽约4.7厘米，纵径比横径短。内常含种子1~2粒，为中熟品种群，平均每果重约38克。

TOP ❾ 巴掌莲雾

市面上果形最大的莲雾，自印度尼西亚引进。由于其果形硕大如巴掌，口感甜脆多汁且具有蒲桃香气，又称“香水莲雾”。果皮深红，但果肉口感脆而纤维细致，酸味不明显。

TOP ❿ 水晶莲雾

宝葫芦形，粉红色，单果重150~250克。口感清爽，甜度高，水分多，在高温条件下色彩依然鲜艳。

TOP ⓫ 甘蔗莲雾

该品种色泽深红色，因果形稍长、形状特别而得名。

TOP ⓬ 樱桃莲雾

外表色泽鲜美亮丽，颜色如樱桃一般红，相当赏心悦目。果实大，鲜红色，有着淡淡的果香味。

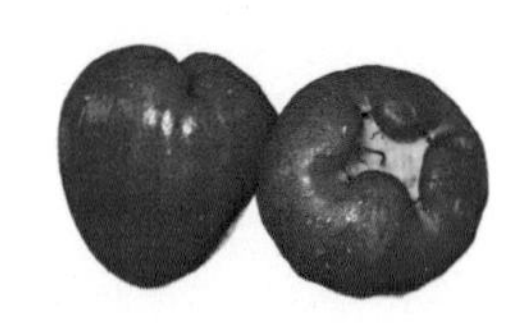